喚醒大腦裡的數學家

閃電和血管為什麼有一樣的幾何形狀？
手機剩幾%電是怎麼算的？數學怎麼保護我們的網路安全？⋯⋯
世界十大最佳教師的26堂驚奇數感課

Eddie Woo

甘錫安—譯

WOO'S WONDERFUL WORLD OF MATHS

數感　FN2007

喚醒大腦裡的數學家

閃電和血管為什麼有一樣的幾何形狀？手機剩幾%電是怎麼算的？數學怎麼保護
我們的網路安全？……世界十大最佳教師的26堂驚奇數感課

作　　　者　Eddie Woo
譯　　　者　甘錫安
特 約 主 編　賴以威
責 任 編 輯　謝至平
行 銷 企 畫　陳彩玉、薛綸
封 面 設 計　陳文德
內 頁 設 計　Alissa Dinallo

總 經 　理　陳逸瑛
發 行 　人　涂玉雲
出　　　版　臉譜出版
　　　　　　城邦文化事業股份有限公司
　　　　　　臺北市中山區民生東路二段141號5樓
　　　　　　電話：886-2-25007696　傳真：886-2-25001952
發　　　行　英屬蓋曼群島商家庭傳媒股份有限公司城邦分公司
　　　　　　臺北市中山區民生東路二段141號11樓
　　　　　　客服專線：02-25007718；25007719
　　　　　　24小時傳真專線：02-25001990；25001991
　　　　　　服務時間：週一至週五上午09:30-12:00；下午13:30-17:00
　　　　　　劃撥帳號：19863813　戶名：書虫股份有限公司
　　　　　　讀者服務信箱：service@readingclub.com.tw
　　　　　　城邦網址：http://www.cite.com.tw
香港發行所　城邦（香港）出版集團有限公司
　　　　　　香港灣仔駱克道193號東超商業中心1樓
　　　　　　電話：852-25086231或25086217　傳真：852-25789337
　　　　　　電子信箱：hkcite@biznetvigator.com
新馬發行所　城邦（新、馬）出版集團
　　　　　　Cite（M）Sdn. Bhd.（458372U）
　　　　　　41, Jalan Radin Anum, Bandar Baru Sri Petaling,
　　　　　　57000 Kuala Lumpur, MalaysFia.
　　　　　　電話：603-90578822　傳真：603-90576622
　　　　　　電子信箱：cite@cite.com.my
一 版 一 刷　2020年9月

城邦讀書花園
www.cite.com.tw

ISBN　978-986-235-863-4
售價　NT$ 450
版權所有‧翻印必究（Printed in Taiwan）
（本書如有缺頁、破損、倒裝，請寄回更換）

國家圖書館出版品預行編目資料

喚醒大腦裡的數學家：閃電和血管為什麼有
一樣的幾何形狀?手機剩幾%電是怎麼算的?
數學怎麼保護我們的網路安全?……世界十
大最佳教師的26堂驚奇數感課／Eddie Woo
著；甘錫安譯 . 一版 . 臺北市：臉譜，城邦
文化出版；家庭傳媒城邦分公司發行，
2020.09
　　面；　　公分. --（數感；FN2007）
ISBN　978-986-235-863-4（平裝）

1.數學

310　　　　　　　　　　　　　109011992

獻給生命的創造者

「數學是上帝創造宇宙的語言。」
—— 伽利略（Galileo Galilei）

目 次 CONTENTS CONTENT

CONTENTS CONTENTS CONTENTS

推薦序
充滿熱情的數學傳播家

文／賴以威（臺師大電機系助理教授、數感實驗室創辦
人、臉譜「數感書系」特約主編）

　　從事數學科普推廣這麼多年，我發現要讓人家覺得數學
（或任何一件事）有趣、實用、值得多了解，不外乎兩種方
法：理性條列出它的價值與趣味所在；或是熱情洋溢地，用
態度來影響他人。

　　Eddie Woo 屬於後者。

　　2019 年 Eddie 受到澳洲駐臺辦事處的邀請，來臺灣進行
一場數學交流之旅。當時我受邀參加午宴，很榮幸地坐在他
旁邊，聊天不到五分鐘，我彷彿覺得自己跟他是認識多年的
朋友，不僅因為我們都熱愛數學，關鍵是他那毫無距離的交
談，讓你會自然而然地卸下初次見面的保留與矜持，和他盡
情地聊天（當然，多半還是數學，還有一點點的孩子經）。

餐會進行到一半，Eddie上台短講，他準備了三個題材，從頭到尾毫無冷場，賓主盡歡。這幾個題材中，我聽過一個，可Eddie講得最有趣。這就好像同一首歌，職業歌手跟業餘愛好者唱出來，儘管節奏跟旋律都對，但前者就是比較能觸動人心。Eddie說他是一位數學老師，但我認為他是一位專業的數學傳播家。

Eddie那對數學充滿熱情的態度，也充分展現在本書的字裡行間。他講的數學知識有些很新奇，有些可能在其他科普書中也有。但重點不是知識的稀有度，而是他總是有辦法讓讀者隨著他的文字，彷彿聽見他那清脆響亮、快節奏的澳洲腔，睜大眼睛探索隱藏在大千世界中的各種數學：彩虹、閃電、花朵、音樂、建築、巧克力。我特別喜歡他開場花了一段篇幅討論「數學家」究竟是在研究什麼？多數人認為數學是一門數字的學問，數學家必然是研究數字。但其實不是，數學是一門探討規律、模式的學問，只是數字能幫助我們更清楚地揭露這些規律與模式。看完他的這段論述，我甚至在想，會不會「數學家」根本就應該要改名，把「數」拿掉，才不會讓大家一直把數學跟計算連結在一起。

真的，是時候了，計算當然是數學非常重要的核心，在沒有電腦時，計算能力也是研究許多數學所不可或缺的。然而在這個時代，當我們鼓勵更多人學習數學時，我們其實不

是要他們都很會計算，以成為一個「有可能出錯的excel」為終極目標*；我們是希望更多人能觀察出隱藏在表象底下的規律與模式，進而幫助他們在日常生活或專業領域中做出更好的決策。我們應該更清楚認知到，數學是一門教人思考的學問，而這樣的數學是非常有趣，引人入勝的。

讓Eddie用這本書，帶領你感受看看吧。

註：這個很有趣的譬喻不是我發明的，只是不好意思我一時查不到是出自何處。

臺灣版序

　　我是以一個老師的觀點來寫這本書的。我寫每個句子、畫每張圖時，心裡都想著我的教室和學生。身為老師，我很幸運地有機會和澳洲及全世界好幾百所學校合作，也包括臺灣的學校。我發現全世界的數學教學有個共同特色，就是酷愛程序：熟悉的公式讓人安心，既定的演算法也讓人放心。

　　這樣的酷愛其來有自，因為精心設計的演算法能穩穩地算出正確的答案。人類依靠公式建立起現代社會的理由之一，就是這些公式能極有效率地協助我們解決常見的重要問題，例如明天的氣溫是幾度到幾度，或是飛機從某個城市飛到另一個城市需要多少燃料，或是我們要付出多少錢才能買到一張股票等等。

　　但是我們必須謹慎面對這個力量，因為愛也會傷人！愛可能使我們昧於事實，有時還會讓我們看不見真實狀況。諷刺的是，在這種狀況下，數學家酷愛解決問題的程序，反而會造成新的問題：在臺灣和世界各地，許多數學老師和學習

數學的學生深信數學就只有程序。許多人誤解學數學最重要的是能快速正確地回答問題。雖然速度和精確都是數學家嚮往的優秀特質，但要真正理解數學，更重要的關鍵是學習提出適當的問題，而不是算出答案。

　　我寫這本書的目的，即是希望幫助大眾拓展對數學的看法。希望讀者讀到每一章時，都能領會和欣賞我們這個美麗世界中各式各樣、俯拾即是的美妙數學！

前言

　　我還在學校唸書的時候，從來不覺得數學有什麼趣味。我能理解一部分，但總是有挫折感。算數學就像死背某種遊戲的一堆規則，但我不懂這個遊戲，也沒興趣玩贏這個遊戲。儘管我勉強弄懂了好些概念和定理，但極少體會到成功，因為我經常犯老師所謂的「白癡錯誤」。我的計算過程經常出現粗心的疏忽和瑕疵，所以總是得不到正確答案。

　　我十幾歲時，數學在我心目中就是：學習各種方法，找出隱藏在題目中的數字，也就是求出「解」。我一直覺得求解很不容易，所以我很認真學數學，但從來不覺得數學有趣，也不覺得自己擅長數學。相反地，我把時間都花在比較喜歡的科目，包括英文、歷史和戲劇等。但我十九歲時，情況開始改觀。

　　我真心希望各位打開這本書的讀者也有和我一樣的經驗 —— 一直都對數學不感興趣。我這麼希望的理由是，如果你準備開始看這本書，那麼你就和十九歲時的我一樣，故

事還沒有結束。因為你知道，我十九歲時開始走上數學老師的路。從我前面講的親身經驗看來，這或許有點令人驚訝，而且我保證會解釋我是怎麼變成數學老師的！但現在最重要的是：我走上當高中老師的路時，學到了一個祕密。實際上我學到了好幾百個祕密，因為我發現數學和我原先想的完全不同。我開始發現波蘭數學家斯提凡・巴拿赫（Stefan Banach）說「數學是人類心靈最美麗及最強大的創作」是什麼意思。

這本書的主要用意就是這個。我想帶讀者一起走一遍我走過的路，了解……

數學
就在
我們
生活周遭。

　　數學讓我們了解和觸碰到那些構成宇宙卻看不見的事實，也能讓我們進一步領會我們鍾愛的一切。這些目標很遠大，所以讓我們快點開始吧！

　　祝各位閱讀愉快！

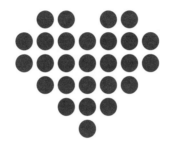

Eddie

Mathematics is
the most beautiful
& most powerful
creation of the
human spirit.
—— Stefan Banach

「數學是人類心靈最美麗及最強大的創作。」
—— 斯提凡·巴拿赫

CHAPTER 01

天生的數學家

人類天生就是數學家嗎？

我有一次在電台接受訪問時被問到這個問題。這個問題是衍伸自「人類是天生的科學家」這個主張。要小孩確認某個假設是對是錯，我們不用教小孩試著改變周遭的事物，觀察結果，再重複相同的過程。「實驗」這個行為完全出於直覺，不需要正式的教學。孩子雖然表達不出來，但從他們張開雙眼、開始探索周遭世界的那一刻，就會透過這個方法，以科學方式思考和活動。

那麼人類天生就是數學家嗎？孩子們會不會自發地以數學方式思考？或者需要學習才會如此？

我想到這個問題的原因之一是它跟許多人常講的一句話關係密切。這句話暗示了有些人的數學能力天生就比較強，通常是這麼說的：

「我沒什麼數學頭腦。」

很多人認為數學頭腦是少數人才擁有的特殊才能。如果天生沒有數學頭腦，就不可能擁有數學思考能力。很多人這麼說自己（而且還這樣教自己的小孩！），但這句話真的有實際依據嗎？

要解答這個問題，我們必須先弄清楚數學家的定義。數學家的定義其實比我們想的困難得多。生物學家研究有生命的東西，物理學家研究移動的東西，化學家研究物質，天文學家研究恆星和行星，地質學家研究岩石。這些研究領域都有清楚的定義和明確的界線。但數學家呢？數學家研究什麼？最直接的答案就是「數學家研究數字」，不過數學還有很多可以深入研究的領域跟數字完全沒有關係（例如幾何學或拓撲學）。那麼數學家有什麼共同點？

大多數人認同的答案是數學家研究「模式」（pattern）。兩個奇數相加一定會變成偶數。任何多邊形，無論是大是小，也無論是不是規則，外角和一定是360度的倍數。巴斯卡三角形每一行的總和一定是2的次方。

What do all mathematicians have in common?

數學家有什麼共同點？

A

THEY

STUDY

PATTERNS

他們都研究「模式」。

重力影響下的物體的行進路線一定是曲線，稱為圓錐曲線（conic section），包括圓、橢圓、拋物線和雙曲線。花朵裡的小花一定沿著十分明確（而且精巧）的幾何圖形螺旋向外排列。

所以我們沒辦法明確定義數學家有興趣的東西：數學家對各種模式都有興趣，而模式則隨處可見。

我們生活在有固定模式的宇宙中。

宇宙（cosmos）這個詞就是「有序、有固定模式」的意思，和代表無序也沒有明顯模式的混沌（chaos）相反。

現在我們可以定義一開始提出的問題了。我們問「人類天生就是數學家嗎？」的時候，其實要問的是：「人類天生就會尋找和試圖理解周遭的模式嗎？」

用這個方式來表達這個問題就很清楚了，答案顯然是肯定的。人類的大腦絕對是優秀的模式辨識機器，非常善於辨識生活周遭的模式。大腦的每一項功能都可以用大腦和模式的關係來說明。嗅覺是什麼？嗅覺是我們辨識特定嗅覺模式，並把某些模式跟好聞（香）或不好聞（臭）連結在一起。記憶是什麼？記憶是把模式和剛認識的人的臉部和聲音線索等特定意義連結在一起，這樣日後就能認出這個人。

我們所謂的「理解」或「技能」大多是更有效率地辨識模式的能力。經驗老到的醫師能藉由某種症狀模式辨識病症。專業的計程車司機知道以當時的地點和交通狀況而言效率最高的道路和轉彎模式。我們練習表現特定模式一段時間之後，這些模式就會成為個性的一部分，這就稱為「習慣」。

　　我們人類不只擅長發現模式，還喜歡自己創造。很善於創造模式的人稱為藝術家。音樂家、雕塑家、畫家、製片家的工作都是創造模式，所以他們也都是某種特殊類型的數學家。我聽過一種說法，形容音樂是「人正在進行一種不自覺的計算時感受到的喜悅」。由於伊斯蘭教反對敬拜人類或動物的偶像，所以伊斯蘭設計大多由繁複的磁磚排列組成，這些排列其實就是幾何圖形（geometric pattern）。

　　人類已經非常習慣尋找模式，有時連沒有模式的地方也能找出模式。賭徒謬誤（gambler's fallacy）和一部分安慰劑效應就是最好的例子，說明人類永遠想在日常生活經驗中尋找原因和結果，即使和嚴密的邏輯推理指出的結果不同也不在乎。

所以，是的 ── 我認為人類天生就是數學家。

　　我們不一定人人天生都是「優秀」的數學家，不過就是因為這樣，我很喜歡當數學老師，這也是我想幫助大家理解這個科目的原因！當我們做為數學家逐漸成長，就能更懂得如何追尋人類的渴望，理解帶動宇宙運行的模式所隱含的美和邏輯。

CHAPTER 02

天上的圓圈

「把拔，看窗戶外面！」

下著雨的午後，我正在專心開車，即使戴著太陽眼鏡，我還是必須瞇起眼睛才看得清楚，因為太陽距離地平線很近，路面又潮濕反光。即使是輕鬆的平日，到學校接女兒也是件壓力很大的事，但女兒的聲音從後座吸引我注意，我抬高視線，透過後照鏡看著她。她手肘靠著車門上的扶手，一隻手托著臉頰，透過滿是雨滴的車窗向外看。我從她的眼光看得出來有什麼東西吸引著她。所以我轉過頭，就看到它了：那是我多年來看過最漂亮的彩虹。我看了那道彩虹好久好久，雖然我還在車陣裡慢慢行駛，不大應該這樣，但我跟女兒一樣很難把眼光移開。那豔麗的綠、耀眼的虹、不真實的靛……儘管我看過好幾百次彩虹，但那天的彩虹格外引人注目。

「把拔，彩虹為什麼是圓的？」

我回應著：「嗯……」就像家長正在忙著其他事情，沒辦法馬上回應一樣。我把目光轉回前方的馬路和周圍已經停頓的車流。我的大腦總算轉回來了，但我反射性地重複這個問題，爭取一點時間。「圓的？」她還在看著窗外，但我的餘光看到她在點著頭。「對啊，為什麼是圓的？」

我的孩子有很多可愛之處。我最喜歡的地方之一是他們永遠有好奇心。因為他們的年紀，或者說因為他們年紀不大，所以看得到我已經厭倦而習慣於忽略的事物，而且這些事物通常很美、很令人驚奇。

最好的例子：彩虹為什麼是圓的？
什麼原因使它圓得這麼漂亮？

彩虹圓得這麼漂亮的原因可能相當令人驚奇：因為形成彩虹的每個雨滴都圓得很漂亮。

我說令人驚奇是因為好笑的是，大多數人覺得雨滴不是圓形的。隨便在網路上搜尋「雨滴」，就可以看到好幾百萬張圖片把雨滴畫成尖頭狀。不過如果搜尋「雨滴 照片」，就可以看到比較真實的照片：有些雨滴雖然略為拉長或壓扁，但比我們心目中的形狀更接近球形。

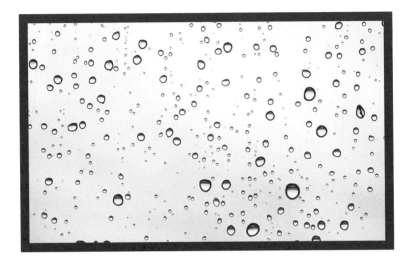

　　但是這樣解釋太快了。我們先倒帶一下，思考一下我們看到天空中的彩虹時，天上究竟發生了什麼現象。我們從經驗中知道，雨後不一定會出現彩虹。雨停之後的陽光必須夠亮，亮麗的彩虹才會出現，所以經常出現在下太陽雨的時候。如果整個天空都是厚厚的雲，就不會出現彩虹。下雨是必要條件但不是充分條件，還必須有陽光才行。

　　平克・佛洛伊德（Pink Floyd）的粉絲和牛頓都知道，光通過稜鏡會出現神奇的效果。（編按：平克・佛洛伊德這支英國樂團的經典專輯《The Dark Side of the Moon》封面即是如同右頁白光通過稜鏡折射出七彩光線的圖像。）由於**折射**（refraction）現象，白色光（和太陽發出的光相同）通過稜鏡時會分成各種色光，形成所謂的**彩虹**。

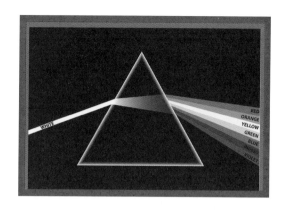

　　雨滴的行為有點類似專輯封面上的那塊玻璃稜鏡，使日光折射並分成光譜。但如果只是這樣，雨停之後就會到處都有彩虹了。彩虹為什麼是細長的帶狀，再形成十分漂亮的圓形？再來，彩虹為什麼是從太陽向外彎，而不是環繞著太陽？

　　這是因為圓的幾何性質很特別，所以來自太陽的光線和球形水滴交互作用時會出現可以預測（而且非常炫）的結果。光線不僅會分成各種色彩，還會在雨滴內部反射，回頭

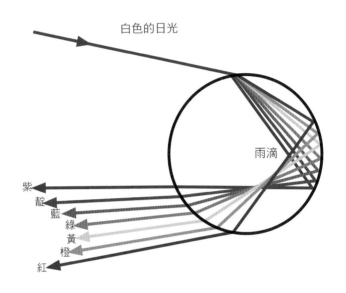

朝一個特定方向射出，形成完整的色彩光譜。

　　另外還有好幾百萬個雨滴也會朝我們所在的位置反射光線──而且每個雨滴都位於以眼睛為頂點的巨大圓錐表面。不過我們從頂點看圓錐時，看到的不是整個圓錐，而是圓錐的截面，也就是圓。讀者們或許會問，為什麼我們只看得到半圓形的彩虹？原因是另外半個圓通常會被地平線擋住，如果在空中就真的能看到整個圓。假如運氣夠好，下次坐飛機時說不定就看得到！

　　對我而言，這就是數學。我們周遭的世界有各種模式、構造、形狀和關係，不只讓我們感到驚奇，也等待我們深入了解。

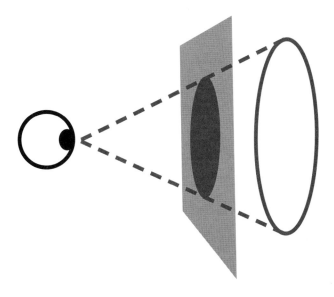

　　人類把數學當成語言，用來解釋世界，但彩虹等真實事物告訴我們，數學不是人類自己的發明。它和我們周遭的萬物密不可分，只要我們願意張開眼睛仔細觀察。

　　我不記得那天下午，我跟女兒在車子裡面欣賞著天空時，我回答了什麼。但現在我可以告訴女兒以及各位讀者，彩虹是圓的，是因為形成彩虹的所有雨滴通力合作，演出了一場壯觀無比的光線秀。這場大秀要不是能親眼目睹，否則我們一定很難相信。

CHAPTER 03

悅耳的音樂

　　放在我書桌旁的民謠吉他設計非常奇妙。我只要撥動它的弦，它就會發出有史以來最悅耳的數學式。

　　人類演奏音樂的歷史可以追溯到……嗯，應該是人類剛誕生的時候。不過直到畢達哥拉斯（對，沒錯，就是那個用直角三角形把全世界小孩搞得暈頭轉向的畢達哥拉斯）才發現並提出數學原理，解釋我們所知和喜愛的音樂。

　　故事是這樣的，畢達哥拉斯散步時經過一家打鐵店。打鐵店裡有兩個鐵匠正在敲打鐵砧上的東西，兩個鐵砧大小不同，敲打時發出的聲音也不一樣。當時他就想到，物體的大小和發出的聲音一定有某種數學關係。他試著敲打鐵匠掉在街上的幾個鐵條（對一個自由思考的古希臘哲學家而言，無緣無故就敲打別人的東西似乎沒有人會在意），發現同時敲打一條鐵條和另一條長度是一半的鐵條時，發出的聲音特別好聽。想了解原因，我們必須先知道聲音如何產生。

　　空氣**振動**時，我們的耳朵就可以聽見聲音。任何能使空氣移動的東西都會製造出聲響，包括我們走路時踩在地上的腳步、開車時汽車引擎裡的齒輪和活塞，以及暴風雨時呼呼作響的強風等。我們可以用圖形描繪某個定點的空氣隨時間振動的幅度，用來呈現這些聲音。以下是腳步、汽車引擎和強風的圖形：

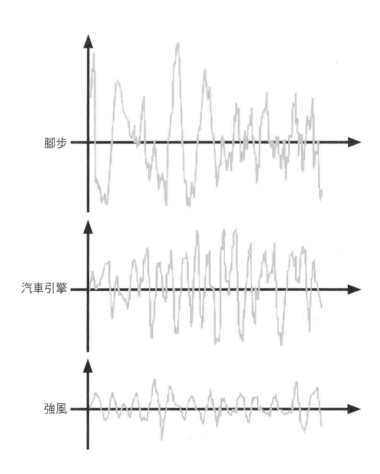

腳步

汽車引擎

強風

　　這幾個圖形雖然看來各不相同，但都有個共同點：這幾個圖形都不是樂音，所以圖形起伏顯得混亂又難以預測。請比較以下這張代表幾個音高的圖：

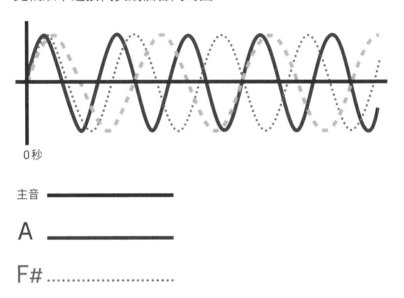

　　差別相當明顯。數學家稱呼這類圖形有「週期性」，因為它們在相同的一段時間內（週期）不斷重複。這種形狀有個專門名詞叫「正弦波」（sinusoidal wave）。sinus源自拉丁文的「曲線」（我們的鼻竇〔sinus〕也是一連串曲線）。數學家很懶，只要可以縮短就會盡量縮短，所以把它稱為「正弦」（sine）。起伏較快的正弦波頻率比較高，我們聽到的音

調也比較高，起伏較慢的正弦波頻率比較低，音調也比較低。

　　樂器能產生這類非常單純的聲音圖形，原因是樂器構造相當單純。舉例來說，我最熟悉的民謠吉他就只是幾條弦上下振動，使周圍的空氣振動。中空的木箱只是提供一個空間，讓振動在其中迴盪放大，擴大發出的聲音。但吉他真正的本質就只是一條弦。

　　撥動吉他的弦（或是任何一條繃得夠緊的細繩）時，弦會上下振盪，使周圍空氣跟著振動，產生悅耳的聲音。但是（現在要講到畢達哥拉斯的發現了）樂器的厲害之處就是我們可以用它發出不同的音。彈吉他時，發出各種音的方法是在琴頸的垂直格上按住弦，這些垂直格稱為「琴格」（fret）。

　　在琴格上按住弦，就是實質上使弦變短，因為我們撥動的這段弦比原先縮短了。較短的弦振動速度較快，較長的弦則振動得比較慢。有個比較簡單的思考方法是想像小孩用一條很長的繩子玩跳繩，可以讓四、五個小孩一起跳。這條繩子動起來的速度一定比只能讓一個人跳的繩子慢，吉他的弦也是如此。

　　控制弦振動速度的方法不只這一種。較粗較重的弦也會振動得比較慢，發出的音調也比較低。這是吉他六條弦的差異之一。這六條弦越來越粗，所以發出的音越來越低沉（所

以我們到樂器行比較一般吉他和貝斯時，會發現貝斯發出的音比較低）。

再回頭看畢達哥拉斯。假設這是他看到的一組鐵條，每條的長度如下：

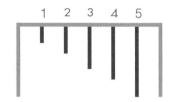

2號鐵條的長度正好是4號的一半，振動速度較快（其實剛好是兩倍）。所以我們比較波形圖時，會是這個樣子：

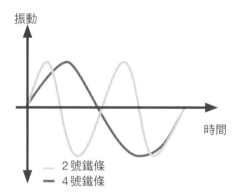

我們能看到這樣的現象一再重複，振動同時開始又同時結束，這也就是我們所謂的「和聲」（harmony），也就是聽起來很和諧的聲音。更明確地說，這兩個音是音樂家所謂的

「八度音」（octave）。

　　音樂就是一種藝術，透過組合這些和弦，營造出一趟情感之旅。舉例來說，偉大的音樂家貝多芬最著名的就是結合和諧音（如同前頁的和聲）和不和諧音，使聽眾亟欲尋求一種「解決感」的高超技巧。不和諧和弦的波形圖看起來很不一樣：

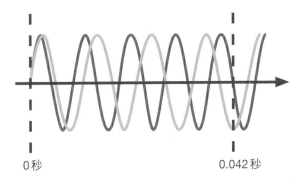

0秒　　　　　　　　　　　　　　　　0.042秒

　　可以看出不和諧和弦中的音非常接近，但短時間內不會一起開始或結束。人類的耳朵會對這種聲音特別敏感，所以我們對音樂的渴望，其實是追求數學和諧的下意識行為。

CHAPTER 04

遊走在血管中的閃電

Poetry is the art of calling the same thing by different names. Mathematics is the art of calling different things by the same name.
—— Henri Poincaré

　　我們生活在由各種主題構成的宇宙裡：像「愛」和「吸引」等各式各樣的概念和原理俯拾即是，有時往往出現在我們意想不到的地方。我們人類天生就會尋找關聯：**我們喜歡玩連連看**，探究事物彼此間的關係，領會看似完全無關的概念之間的關聯。在這個很容易過度注意差異的時代，知道許多事物的表面之下深藏著一貫性，讓人感到安心不少。

　　這是我覺得數學很美的理由之一。伯特蘭·羅素（Bertrand Russell）曾經說過，數學是一種「冷峻之美」，意思是說數學比其他事物更仰賴後天養成。然而，如果我們願意投注心力，深入了解它，就能更充分、更清楚地領略這個大千世界。數學尤其擁有獨特的能力，幫助我們理解看來完全不同的事物之間其實關係密切。看來屬於完全不同世界的事物，其實都受相同的原理主宰。我最喜歡舉的例子就是血管和閃電。

　　表面上看來，這兩樣東西真的是天差地遠。血管有生命、閃電沒有生命（但有能力終結生命！）；血管是人類身上的一部分，閃電則比較像上帝的傑作；血管十分纖細，人類的肉眼往往看不到，閃電則比摩天大樓更大；血管由柔軟的組織和搏動的液體構成，閃電則是無形的能量，形式上非常單純。但這兩者之間有個明顯的關聯，這個關聯就是它們最顯眼的特徵：形狀。

　　無可否認地，大多數人不會花很多時間觀察這兩樣東西。閃電持續的時間當然很短，而且經常會有東西阻擋視線，所以我們也很難完整地欣賞它的光輝。另一方面，我們的身體裡到處都有血管，但大多數血管深藏在肌肉中，不容易看到。所以我用圖片來協助說明：

閃電

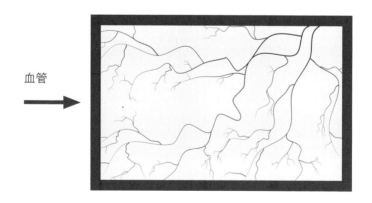

血管

　　發現這兩樣東西如此相像，可能會讓有些讀者像被雷打到般吃驚（抱歉開了個玩笑）。不過最重要的問題是：為什麼會這樣？為什麼這麼不同的東西看起來會這麼像？要回答這個問題，我們必須回到歐幾里得（Euclid）的時代，他是幾何學的始祖，是精通於「形狀」的數學家。

　　歐幾里得生活在古希臘的黃金年代，當時社會的上流階級不需要辛苦勞動，可以過著閒散的生活和探討哲學。他塑造了希臘的重要思想之一：我們眼中所見的萬物都不理想，理想的事物只存在某些神聖的國度，凡人看不見也摸不著，只能在精神生活中體驗。每棵樹都是有缺陷的樹，源自一棵完美的樹。人類建造的建築仿造眾神的神聖居所，都是虛幻的假象。

　　歐幾里得把這個概念引申到形狀上。舉例來說，人類製造輪子已經有好幾千年歷史。但即使是現代生產技術也沒辦法做出完全正圓的輪子，古希臘時代當然更不可能。輪子的圓度足以符合我們的需求，可以裝在車軸上，讓車子前進。但如果拿放大鏡仔細檢查，就會發現車輪上有許多凹凸不平的地方，使邊緣變得不圓滑。歐幾里得推論，世界上有個完美的圓，雖然他看不到也摸不到這個圓，但可以透過直尺和圓規等幾種基本繪圖工具研究和了解它。事實上，由於歐幾里得對形狀的著迷程度（以及他對於用來繪製各種形狀的工

具的堅持），圓規在幾千年後依然是每個學生的學習幾何學時的重要用具（最大的用處是用尖尖的腳戳朋友）。

完美圓的圓周完全圓滑，完美三角形的三個邊完全筆直，完美正方形的每個角都是百分之百的直角。歐幾里得喜愛這些形狀，因為它們遵循的規則十分簡單，而且能輕鬆容易地創造出非常優美的圖樣。這些圖樣就在我們生活周遭，而且最容易看到圖樣的地方就在我們腳下。外出閒逛時，可以隨時注意人行道和路面上有趣的磁磚圖樣，會發現有些圖樣真的非常漂亮！

但在歐幾里得的世界裡，連不具磁磚的規則性和結構的形狀也具有神奇的特質。舉例來說，在紙上任意點上四個點，再用尺把這些點連起來，就能畫出四邊形（quadrilateral）。

　　這樣畫出來的四邊形即使看起來不是很漂亮，其中依然隱含著一個神祕的圖樣。請再拿出尺，找出每一邊的中點，也就是正中間的點。四邊形有四個邊，所以有四個中點。現在把四個中點連起來，看看出現了什麼？不規則四邊形裡面是個完美的平行四邊形！兩組對邊正好完全相等，也就是長度相同（可以拿尺量量看！）。此外，兩組對邊也完全平行，角度相同（朝兩端無限延伸也不會互相交會）。

　　再試一次看看。在另一張紙上再畫一個四邊形，畫得越奇怪越好。但只要把每一邊的中點連起來，一定會畫出一個完美的平行四邊形。難怪歐幾里得對這些形狀這麼著迷，如果沒有明確結構或特徵的形狀都有這種魔力，其他更特別的形狀不知道又有多少迷人之處。

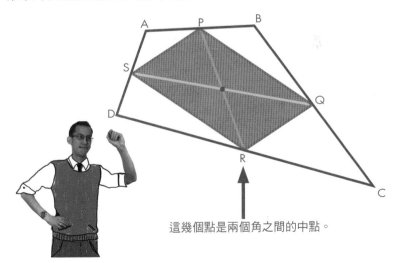

這幾個點是兩個角之間的中點。

　　我雖然很強調點和中點，但歐幾里得幾何學真正重要的特點是平直性。放大觀察歐幾里得多邊形的任何一邊，會發現它是完美無瑕的直線。如果拿放大鏡觀察歐幾里得立體的面，會發現這個面就像燙過幾千次一樣光滑平整。如果放大到非常大，連曲線也會變得平直。舉例來說，如果不斷接近地觀察圓的邊緣，彎曲的弧線看來就像直線一樣。

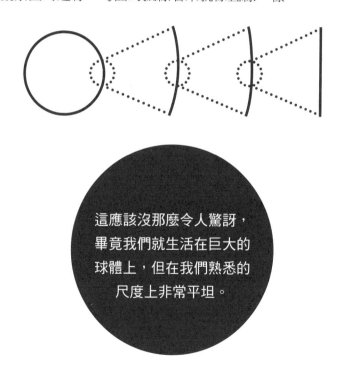

這應該沒那麼令人驚訝，畢竟我們就生活在巨大的球體上，但在我們熟悉的尺度上非常平坦。

　　工程師甚至還反過來運用這種技巧，以堅硬的鋼梁等直線元素建造物件，但從遠方看來是彎曲的。

雪梨港大橋

　　不過，波蘭數學家及幾何學家本華・曼德博（Benoit Mandelbrot）認為這個歐幾里得世界觀相當令人不安。曼德博的主要研究成果集中在1950和1960年代。真實世界不全是平直連續的線條，而是到處都是不直的線條和不平的表面。線條也不是連續的，而是分成幾百萬個線段，一點也不像歐幾里得的神聖形狀。有個稱為海岸線悖論（coastline paradox）的數學謎題就是個令人驚奇的例子。這個悖論一開始是個簡單的問題：「澳洲的海岸線有多長？」

　　想知道這個問題如何發展成悖論，請先看一眼下一頁的地圖。從圖中可以看出，陸地和海洋間的界線似乎大大違反歐幾里得的幾何法則，圖上完全看不到一條直線，其實連漂

亮的曲線也沒有。我們即使有一百萬年可以一段段地畫，也沒辦法用直尺或圓規畫出這個地圖。這會造成的問題是，這樣一來，我們很難測量海岸線的長度。

假設我們有一支巨大無比的尺，可以放在澳洲上空測量海岸線。尺當然是直的，所以一定會略過一些懸崖或突出，但依然可以大致量出澳洲邊緣的長度。如果尺的長度是1000公里，量出來大概是這樣：

8.8支尺＝8800公里

　　如果想提高這個測量值的準確度，只要用短一點的尺就好。如果改用 500 公里長的尺，量出來大概是這樣：

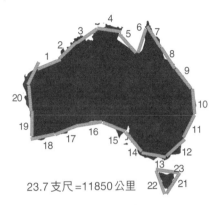

23.7 支尺＝11850 公里

　　沒問題，重新測量之後變長了。這其實不令人驚訝，因為前面已經提過，這樣會量到許多原先因為尺太長而略過的小線段。舉例來說，如果有長度適當的尺，我們連下面的塔斯馬尼亞島都可以納入澳洲的海岸線！但這樣又帶來一個問題：如果繼續下去會怎麼樣？如果尺的長度更短，假設是 100 公里，結果又會怎麼樣？

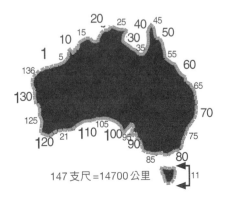

147 支尺＝14700 公里

好，現在開始有點讓人擔心了。雖然我們猜得到測量結果會比先前長，但還是希望測量值會趨近一個數字，這個數字代表測量澳洲海岸線長度時的合理終點。下一章討論具有固定「天花板」（數字 e）的指數性增加的時候，我們會再探討到這一點。但相反地，測量海岸線時，我們發現結果不斷增加，一點都沒有減緩的跡象。的確，如果繼續縮短尺的長度，海岸線的長度會無止境地不斷增加。如果尺的長度是無限短，海岸線的長度就會變成……無限長。這就是海岸線悖論。

要知道海岸線為什麼會這樣，就要回頭問老朋友曼德博了。他發現，海岸線雖然彎彎曲曲，但這樣的不規則一定有些規則和理由，但這些理由不見得很明顯，就像前面的四邊形裡神奇地隱含平行四邊形一樣。舉例來說，請看右頁緬甸丹老群島（Mergui Archipelago）裡的一段海岸線。

這樣的空拍照很吸引人。而對曼德博而言，這類事物引出了一個很有趣的問題：**這是幾何嗎？**它當然不符合歐幾里得的幾何概念，沒有直線，也沒有明確的角度或多邊形。但在此同時，它也不是隨機的，其中顯然有明確的結構和幾何圖形，但無法以嚴格的歐幾里得方式來描述。所以曼德博尋求方法來理解和呈現這些形狀。他很確定這是一種幾何圖形，但和以前所知的完全不同。其中有許多看來分裂成許多

塊的形狀，所以他把這些命名為「碎形」（fractal）。

　　海岸線悖論正是源自海岸線是一種碎形。我們回頭看看

澳洲地圖，但這次不測量，只放大觀察海岸線的形狀。

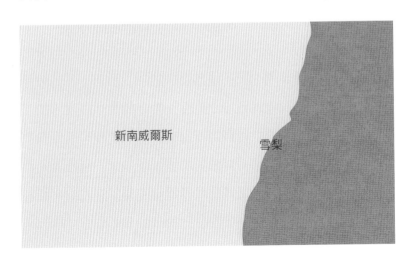

新南威爾斯　　　　　　雪梨

　　新南威爾斯的海岸線和澳洲所有的海岸線一樣彎曲不平。如果繼續放大，例如放大到雪梨的海岸線，可以看到這樣的模式繼續出現：

　　無論我們放到多大，每次放大時，就會發現有新的凹凸，使海岸線成為「碎形」。即使我們走到澳洲海邊，拍下地面的照片，還是可以看到岩石上有坑洞和突出，就跟我們看到的第一張地圖一樣。曼德博的重要洞見是，自然裡的各種形狀都有其特殊樣貌，就是源自這個因素：無論放大的程度如何，物體看起來都會和它自身相似。歐氏幾何的特色

是平直性，碎形幾何的特色則是數學家所謂的「自我相似性」。即使不斷放大，物體看起來都一樣。知道這個概念之後，會發現到處都看得到這種現象。

碎形正是自然界的幾何。

自然界的幾何

　　碎形就是血管看起來像閃電的原因。我們知道，儘管血管和閃電變成這種形狀的原因完全不同，產生的方式也不一樣，但它們都解決了相同的數學問題：分布。

　　血管是在設計下成為這種形狀，它的功能是把氧和養分送到身體所有組織（同時帶走廢物），所以演化把它變成最有效率的形狀，通往所有肌肉和器官。這種形狀當然必須自我相似，因為身體必須依靠血管才能生存，血管也必須隨身體長大擴充，不需要大幅改變形狀或構造。自我相似性對血

管系統也很重要，因為它讓動脈和靜脈能在我們體內流經很長的距離，一般成人體內平均有十五萬公里的血管流到各處組織，有些部分十分細小，供應微小的細胞團，肉眼無法看到。所以我們可以在顯微鏡下看到血管有無數的細小分支，因為它們必須把血液輸送到體內所有細胞。

以這個觀點看來，血管是碎形也就理所當然了。那麼閃電呢？應該沒有人設計閃電的形狀，但真的沒有嗎？事實上，這個問題的答案其實無關緊要，因為只要想想閃電是什麼，就可以理解閃電為什麼擁有碎形的DNA了。風暴雲中的微小水滴不斷翻攪摩擦，產生大量電荷，就像我們的雙腳在地毯上來回摩擦，也會產生電荷一樣。電荷超過雲的負荷能力時，就會從雲中噴出，和熔岩從火山噴出一樣，沿著最短路徑消散在地面。

但閃電朝地面行進時，會碰到少數帶有負電荷的空氣分子團，這些分子團對電流的吸引力比一般空氣更大，使閃電扭曲變形，損失一部分能量，同時變得細小。有時有好幾個空氣分子團對閃電的吸引力相同，閃電就會很認真地分成好幾條，分別奔向這些分子團，當然也就變得更細。由於大閃電和小閃電遵循的物理定律相同，所以主閃電和小閃電分離後的幾何行為相同，當然也就具有自我相似性。閃電存在的理由是輸送強大的電能，和血管的功能是輸送賴以維持生

命的血液一樣，所以一定要採取分散的碎形結構來讓電能消散，人體也採取這種結構來維持生存。

CHAPTER 05

茶杯和（幾乎）
用不完的錢

外面天還是黑的，屋子裡一片祥和寧靜。小孩都還在床上（暫時的），所以我輕手輕腳地下了樓，慢慢把水壺裝滿。我按下電源開關。水溫慢慢上升時，我聽得見泡泡在水壺裡擠來擠去和爆破的聲音。

開關跳了起來，我一刻也不浪費，把水壺拿離底座，立刻把滾燙的水倒進在旁邊待命的杯子，茶包跟糖早就放好了。我為什麼要這麼匆忙？

水壺裡的開水和所有比周遭熱的物體一樣，溫度會慢慢降低。物體越熱，溫度降低得越快。水一停止沸騰，我就用溫度計測量水溫，結果是這樣的：最初六十秒，溫度很快就掉了三十五度。但比較一下水離開底座十分鐘後的狀況：接下來六十秒，水溫只降低三度，怎麼會這樣？

其實真正重要的不是物體的溫度，而是物體溫度和周遭溫度之間的差異。差異越大，改變的速度就越快，不論哪個方向都是如此。加熱時也和冷卻一樣。講到溫度，宇宙中所有物體都得屈服於最冷酷的同儕壓力：

所有物體都想讓自己的溫度變得和周遭物體相同。

所以，越熱的水冷卻得越快。但我這杯茶不是全宇宙唯一這樣的物體。任何不受外在限制、可以自由發展的物體都

一樣。舉例來說，假如有一個病毒降臨在一個又窮又沒有戒心的宿主身上。在最初幾小時內，免疫系統還沒有發現並發動攻擊之前，病毒只占領了幾個細胞來複製它自己。但這些細胞一爆破，所有壞東西都跑了出來，幾百萬隻入侵者湧入血液，攻擊更多的細胞。當這些新細胞變成新的征服機器，病毒數量就增加得更快了。換句話說，病毒感染規模越大，發展得就越快（顯然會有個停止點，至少你這麼希望！），這種特性稱為「指數性增加」（以我這杯茶而言則是指數性減少）。

現在來看看放在定期存款的錢。我小學的時候，銀行會送免費貼紙和其他小禮物鼓勵我們開戶存錢，我們只要存幾塊錢就好。我還記得我第一次拿到銀行對帳單時好興奮，我第一個月大賺了⋯⋯3分錢利息。儘管這筆初期收益不大起眼，但依據指數性增加定律，銀行存款越多，增加得就越快。我存得越多，就賺得越多。

這對大多數人而言沒什麼了不起，畢竟整個經濟就是靠它架構起來的。不過指數性增加有個不為人知的祕密。我們都知道，指數性增加似乎能讓我們賺到很多錢，但其實是有限度的，我來解釋一下。

假如我們在銀行帳戶裡存了1塊錢，而且我們無比好運，找到一家銀行每期支付100%的利息。我們會想：「銀行大概是可憐我們存款那麼少。」我們在銀行經理的辦公室裡，開始大聲計算，結論是：「每期利率是100%，所以我一年可以賺到1塊錢利息，這樣一年之後就有2塊錢了。」

複利期間	一年有幾期？
一年	1
每次賺到多少利息？	一年後帳戶裡有多少錢？
100%	$2

銀行經理微笑著說：「其實還能更好。如果複利期間是一整年，總共會有2塊錢，但您可以自己選擇複利期間！」

這有什麼差別呢？我們突然想到：即使原始投資相同，利率也完全一樣，選擇較短的複利期間可以讓帳戶增加得更快。怎麼會這樣呢？複利期間較短，代表每次賺到的利息比較少，但獲得利息的頻率變高。最重要的是，每次計算利息時的本金會不斷增加，所以每個複利期間都會逐漸增加。如果複利期間是半年而不是一年時，狀況會是這樣：

複利期間	一年有幾期？
半年	2
每次賺到多少利息？	一年後帳戶裡有多少錢？
50%	$2.25

　　獲利還是不錯！不過如果每年複利兩次的收益是這樣，如果複利更多次，比如說每個月一次，又會怎麼樣？

複利期間	一年有幾期？
一個月	12
每次賺到多少利息？	一年後帳戶裡有多少錢？
8.33%	$2.613055...... （四捨五入後是$2.61）

　　還是比前一個結果多一點，但現在我們胃口更大了，何不每天複利一次？

複利期間	一年有幾期？
一天	365
每次賺到多少利息？	一年後帳戶裡有多少錢？
0.27%	$2.714567...... （四捨五入後是$2.71）

我們可以看出這其中有些東西相當違反直覺。首先，這個條件下的利率少得可憐。0.27%似乎少到不值得一提。舉例來說，我的身高是178公分，所以身高的0.27%還不到半公分。如果有兩個身高相差不到半公分的人站在一起，即使說他們身高相同我也會相信，所以0.27%似乎可以忽略。但是如果重複很多次（一年365次），即使小小的變化也會造成很明顯的結果，這也就是使複利效果如此強大的數學原理。

另一個違反直覺的地方是我們縮短複利期間時賺到的錢。我們從一年一次改成一年兩次時，複利頻率加倍，多賺了0.25元。但從一個月一次改成每天一次時，複利頻率增加了三十多倍，但只多賺了1毛錢。

如果覺得這樣有點糟糕，我們再來看看進一步提高複利頻率會有什麼結果。

複利期間	一年有幾期？
一分鐘	525,600
每次賺到多少利息？	一年後帳戶裡有多少錢？
0.00019%	$2.718279......（四捨五入後是＄2.72）

如果再進一步把複利頻率從一個月或一天改成一分鐘，複利頻率會提高1440倍，但看看賺到的錢，帳戶裡只增加不到1分錢（而且是因為四捨五入到小數點以下第二位才增加）。

　　這個例子的狀況類似報酬遞減定律。我們可以不斷增加複利頻率，但銀行帳戶的收益會越來越少。既然已經講到這裡，不如就再更進一步：

複利期間	一年有幾期？
一秒鐘	31,536,000
每次賺到多少利息？	一年後帳戶裡有多少錢？
0.0000032%	$2.71828178...... （四捨五入後是 $2.72）

　　右下角的數字是我最感興趣的部分。我先用下頁的表格簡短說明這個例子：

複利期間	一年後帳戶的總金額
一年	$2
半年	$2.25
一個月	$2.613035...
一天	$2.7145667...
一分鐘	$2.718279...
一秒鐘	$2.71828178...

　　請看銀行帳戶的數字。有沒有看到它從2開始增加，但不是永遠不停地增加，而是慢慢接近某個值？數學家稱這個值為極限（limit），因為銀行帳戶數字看起來好像受到某種限制，使它不再繼續增加。

　　這個極限呈現的數字（2.71828178...）在指數性增加（例如銀行帳戶）或指數性減少（例如我這杯茶變涼的時候）中都看得到。這個數字非常重要，所以有個名稱叫做e。它可以有「指數」（exponential）的意思，也可以是它的另一個名稱「歐拉數」（以瑞士數學家雷奧納‧歐拉〔Leonhard Euler〕命名）的縮寫。

對我而言，這意味著宇宙的奧祕。

　　這個數和另一個更著名的表親 π 似乎都是宇宙定律的一部分。所有生物都是由相同的四種有機分子組成的DNA所構成，同樣地，全宇宙所有指數性增加和減少也是由相同的DNA構成，這個DNA則是以e組成的。

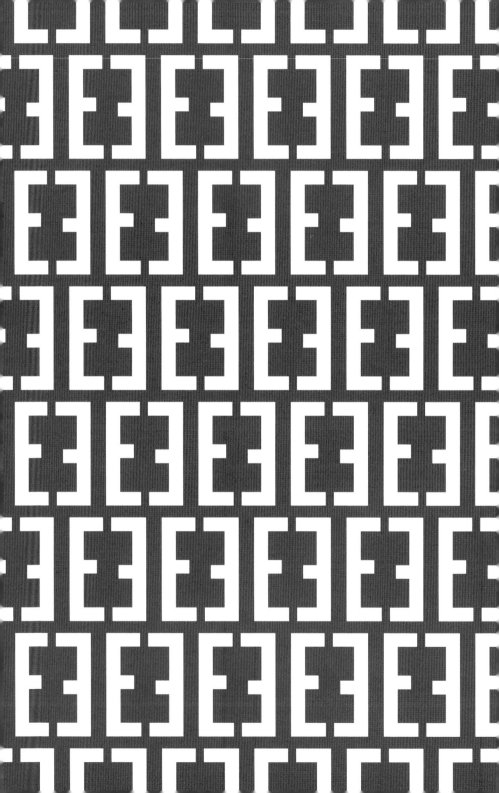

CHAPTER 06

e 是個神奇的數

e這個數經常被小看。大家都聽過 π（3.14159265...），甚至還有專屬於它的一天（3月14日通常被稱為 π 日）。此外，全世界以 π 為主題的藝術作品更是數不清。

π 可說是集萬千寵愛於一身。

美妙的數都有個特點，就是會出現在令人意想不到的地方，e 當然也不例外。我想告訴讀者們日常生活中最讓人想不到會出現 e 的地方。為了協助說明，我需要全世界最受歡迎的甜點：**巧克力！**

人生就像一盒這個！

巧克力的外型和販賣樣式很多，但請讀者想像一盒巧克力，就是一顆顆巧克力平放在盒子裡那種。想像打開一盒巧克力，聞著它的香氣，一邊想著要先吃哪一顆。

你正準備拿起第一顆，但突然想到應該先跟親愛的共享，所以你手拿著已經打開的盒子，這時慘劇發生了：你一個沒站穩，整盒巧克力都掉在地板上。

有別人看到嗎？你看了看四周，沒有看到人。太好了！只要把巧克力都放回盒子裡就沒事了。你已經忘了原本是怎麼擺的，所以就隨便放回去，讓它看起來像沒動過一樣。

現在問題來了。你知道自己不大可能把所有巧克力都放回原先的位置，如果真的這樣也太幸運了。大多數巧克力應該都不在原來的地方。但每顆巧克力都放錯位置的機率又有多少？巧克力「全部」不在原位的機率有多少？

我們可能連該怎麼思考這個問題都不知道。現在我們得拿出數學家最喜歡的一種解題技巧：先簡化問題之後加以解決，觀察是否能看出模式或結構，協助我們解決比較複雜的問題本身。

要把問題簡化，最簡單的方法就是縮小規模。所以我們先思考規模最小的這個問題：如果盒子裡只有一顆巧克力是什麼狀況？

原始排列方式　　　　　　可能的新排列方式

我們先標示每顆巧克力，以便追蹤它的原始位置和後來位置。左邊是巧克力起初的排列方式，右邊是掉到地上又撿起來之後的排列方式。

盒子裡只有一顆巧克力，這樣可能簡化得有點過頭了！

這樣不會出現什麼有趣的狀況。事實上，盒子裡只有一個位置給這顆孤單的巧克力，所以它別無選擇，只能回到原位。這表示，如果只有一顆巧克力，放錯位置的機率是0%。

接著把複雜程度提高一點。如果有兩顆巧克力呢？

從右圖可以看出，現在至少有兩個選擇了。選擇之一當然是所有巧克力都放回原位，但在這個例子中，唯一的其他選擇是兩者交換。我們正希望如此，每顆巧克力（兩顆都是！）都放錯位置，位置和原來不同。在這兩種可能排列中，有一種排列符合我們的期望，所以每顆巧克力都放錯位置的機率是50%。

接著再來一次！如果有三顆巧克力時是這樣的：

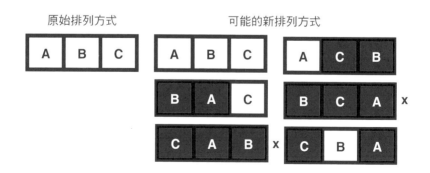

　　現在狀況開始變得有趣了。從圖中可以看出我標出放錯位置的巧克力。在某些狀況下，如BAC，有兩顆巧克力放錯位置（B和A），一顆巧克力（C）則回到原位。仔細思考可以得知，在六種可能排列中，有兩種是我們有興趣的狀況（完全排錯）。六種排列中有兩種，所以機率大約是33%。

　　接著再複雜一點。如果有四顆巧克力是怎麼樣？

原始排列方式

| A | B | C | D |

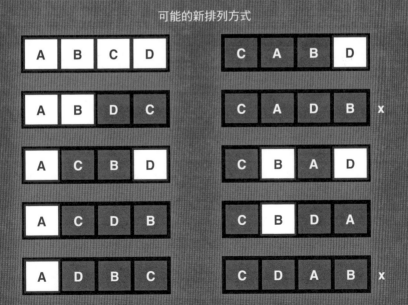

可能的新排列方式

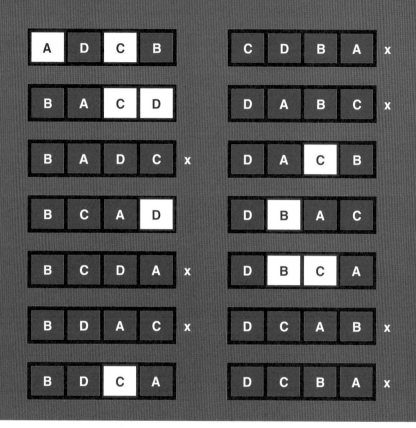

　　狀況開始變得相當複雜了。現在巧克力共有二十四種放置方法。我全部數了一遍，四顆巧克力都放錯位置的排列方式共有九種。二十四種排列中有九種，機率是37.5%。

　　接下來會怎麼樣？如果再增加一顆巧克力，我不打算列出所有可能，因為五顆巧克力總共有一百二十種排列方式！不過巧克力繼續增加時的數字是這樣的：

巧克力數目	排列方式數目	全部放錯的排列方式數目	全部放錯的機率
4	24	9	37.5%
5	120	44	36.66666...%
6	720	265	36.80555...%
7	5,040	1,854	36.78571...%
8	40,320	14,833	36.78819...%
9	362,880	133,496	36.78791...%
10	3,628,800	1,334,961	36.78794...%

「好吧…那又怎麼樣？你說你要告訴我們一些跟 e 有關的事，但這些數字裡看不到 e 啊？」

沒錯，還差一步。如果手上有計算機，就可以驗證這一點了（手機裡的計算機就可以）。首先必須知道 e 這個數等於：

$$e = 2.718281828459045...$$

如果接著在計算機上輸入 $100 \div e$（這裡要輸入數字而不是字母，不過現在連手機的計算機程式上都有 e 這個按鈕了！），應該會看到這個結果：

$$100 \div e = 36.7879441171...$$

　　接著再看看前一頁的表格，會不會覺得這個數字很眼熟？

　　探討指數性增加時碰到的數字出現在放錯巧克力的計算過程中，**其實隱含了相當重要的數學原理**。以這本書的程度而言，要仔細說明有點冗長，但我想強調的是數學在兩個看似表面看來完全無關的事物之間找出了關聯。數學讓我們深入了解世界，讓我們認識事物之間真正的共同點，就像化學讓我們認識鑽石（就是訂婚戒指上那顆石頭！）和石墨（鉛筆裡面的筆芯）都是由碳構成的一樣。

CHAPTER 07

向日葵也懂宇宙

水上芭蕾看起來有種迷人的特質。我高中時是水球校隊，親身體驗過要保持頭部在水面以上同時定住不動有多麼困難。水上芭蕾選手要做的比這個更難。他們要表演複雜的動作，許多動作必須把頭沒入水中，無法呼吸，這就已經很不簡單了，但更厲害的是他們還必須分秒不差地跟搭檔同時做出這些動作。有時候可以看到十個人在水裡同時下沉和旋轉，就像同一個人一樣。

一組水上芭蕾選手必須接受好幾個月的辛苦訓練，才能達到這種水準。設計和執行這樣的動作需要的不只是決心和紀律，還需要深度思考和藝術才能，才能創造所有選手所能演出最美的動作。

所以我覺得，世界上有幾十億個事物天天都在創造美麗的圖樣，這些圖樣比起水上芭蕾選手的圖樣有過之而無不及，同樣是件令人驚奇的事。我們一輩子很可能曾經從幾千個這類事物旁邊走過，但從來不曾注意過它們展現的精巧設計。它們整齊劃一的表現可能連奧運水上芭蕾選手也自嘆不如，而且完全不需要排練。事實上，它們甚至不需要互相溝通，就能順利地彼此協調。這些天才同步大師是什麼呢？就是向日葵。

讀者應該會說：「什麼？向日葵連四肢都沒有，如果把它們丟進游泳池，它們什麼都不會做！怎麼能跟水上芭蕾選

手比？」我想各位讀者對我的答案應該不會太驚訝：答案就是數學。

人類的對稱

　　仔細看看向日葵中央的小花（floret）。各位讀者注意過嗎？有沒有注意到向日葵具有驚人的對稱性？每朵向日葵都是這樣，一輩子不斷完美呈現它的表演，它的兄弟姐妹也一樣，完全不需要溝通。它們是怎麼做到的？還有最重要的，它們為什麼這麼做？

　　要了解為什麼會這樣，必須先介紹一些基本的園藝學。我們人類製作物品時，通常會採用線性方式。舉例來說，假設要建造一面磚牆。我們會先從最底下開始，從右邊做到左邊，做到牆頭為止。不過，向日葵和地球上許多生物一樣，

是以有機方式生長，也就是從中央開始，一開始很小，再慢慢向外擴大。

這點非常重要，因為它是了解向日葵生長邏輯的第一步。如果願意的話，請跟我一起想像一朵向日葵以超級慢動作生長，每次一個小花。這樣會是什麼樣子？

小花一開始出現在花的中央，等新的小花長出來後，舊的慢慢被推到邊緣，所以最接近邊緣的小花最大（因為它存活和生長的時間最長）。小花的排列方式取決於剛長出的小花朝哪個方向推擠原本位於中央的小花。

自然界的對稱

向日葵完美呈現它們的表演。

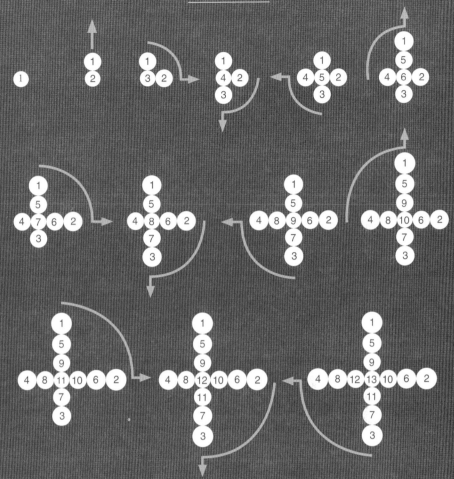

舉例來說，如果每朵新小花出現之前，花朵旋轉1/4

圈，也就是一整圈的25%，就會出現上圖的模式。

不過必須注意的是小花的生長方式。我把小花標上號碼

以便識別。最老的小花（最先出現，所以號碼最小）最大、

距離中央也最遠，這是因為它們生長的時間最長（所以最大），被推擠的距離也最長（所以最遠）。

這沒什麼問題，不過很浪費空間，看看還有多少空隙可以安置小花。如果每朵新小花出現之前只旋轉20%呢？

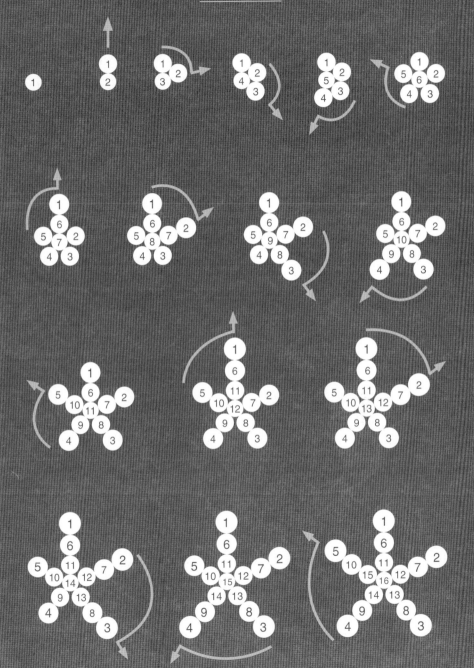

這樣比較好一點，但還是很浪費。所以該怎麼再改良這個設計？嗯，把旋轉25％或20％改成旋轉34％如何？

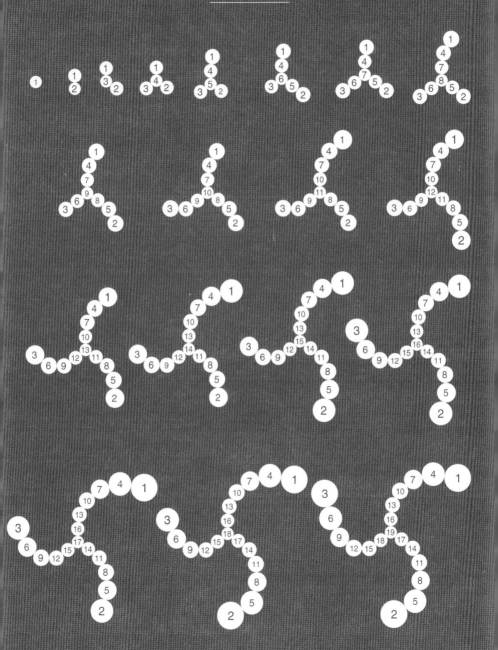

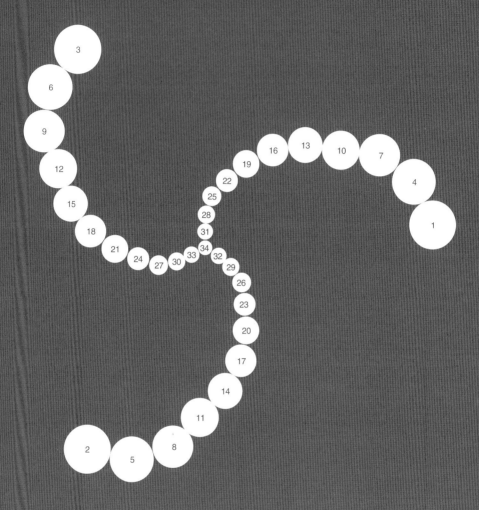

　　這個方式比較有趣一點（而且比較像花了！）。先前幾種方式把小花排成直線，這種方式則是排成曲線。原因是每朵新小花出現時旋轉了1/3圈多一點，也就是每朵新小花以稍微不同的方向推出去。因此這「排」小花不再是直線排列，而是變成曲線。

我們可以把這個螺旋形概念再加強一點，試試看這樣：

這個設計是旋轉17%。因為它的旋轉頻率是34%的兩倍，所以「旋臂」的數目也是兩倍。它和最開始的設計相比之下進步很多，因為它能在相同的空間中安置更多小花，這對資源有限的植物而言是個好消息，協助授粉的蜜蜂看到它的機率也更高。有沒有一種最理想的旋轉方式，可以在花朵裡安置最多小花？

答案是：有，這是數學界最美麗的瑰寶。現在我要介紹這個全宇宙最美妙的數，它常被稱為phi這個低調的名字，符號是希臘字母 ϕ，還好和另一個發音差不多但更有名的 π（pi）長得很不一樣。不過它還有另一個聽起來響亮得多的名字：

黃金比例

黃金比例和其他許多重要數學原理一樣，是很迷幾何學的希臘人的研究對象。要了解黃金比例，可以先思考一個跟細線有關的簡單小問題。

假設用兩根圖釘把一條線拉緊，剪掉圖釘以外的部分，幾何學家把這段線稱為區間（interval）。現在假設我們可以把另一個區間接在原始區間上，形成比原來更長的區間。

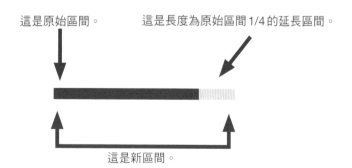

這是原始區間。　　　　這是長度為原始區間1/4的延長區間。

這是新區間。

希臘人想了解的是：原始區間、延長區間和新區間之間

有什麼關係？其中一段比另一段大多少？在前一頁的圖中，
原始區間的長度是延長區間的四倍，新區間的長度則是原始
區間的1.25倍。

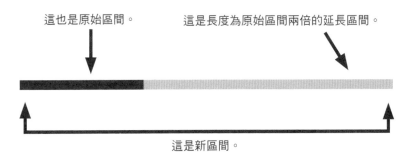

這也是原始區間。　　　　　這是長度為原始區間兩倍的延長區間。

這是新區間。

　　這次原始區間的長度是延長區間的一半，新區間的長度
則是原始區間的三倍。

　　希臘人開始感到好奇：這個區間要延長多少，原始線段
和新線段的比例會和延長線段和原始線段的比例相同？我先
把圖畫出來：

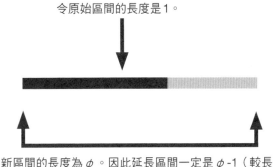

令原始區間的長度是1。

新區間的長度為 ϕ。因此延長區間一定是 ϕ-1（較長
區間和較短區間之間的差，這兩者分別是 ϕ 和1）。

所以 ϕ 的值等於（$1+\sqrt{5}$）／ 2，大約是1.6180339887。小數點之後的位數有無限多個，而且不會重複，所以即使寫到10位（大多數狀況下已經非常非常精確），仍然只是近似值。

從這個簡單數字可以產生希臘人認為天生就很美的許多形狀。舉例來說，如果畫出長短邊比例等於黃金比例的矩形，這就是黃金矩形：

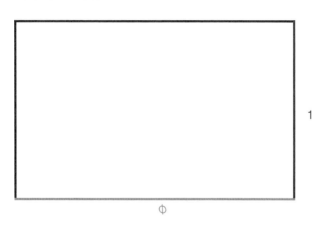

黃金矩形被認為是比例最美的形狀。因此我們身邊很可能就有各種各樣的黃金矩形。如果手上有金融卡或是駕照，可以拿出來放在桌上。如果找得到尺，請量一下長短兩邊的長度，接著用計算機（手機裡的就可以）計算長邊除以短邊。各種卡片的大小或許各不相同，但算出來的結果是不是都接近1.618？

黃金矩形最拿手的好戲就是它證明了 ϕ 能無限自我複

製。為了說明這一點，我要畫一條線把黃金矩形分成一個正方形和一個較小的矩形，看看會出現什麼狀況。

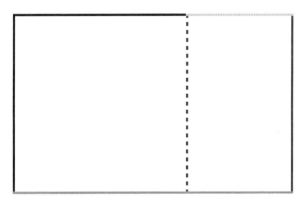

仔細觀察右邊的小矩形，看起來是不是有點眼熟？這也是黃金矩形！事實上我們可以一直這樣畫下去，在黃金矩形裡畫出黃金矩形，永遠不停地畫下去。如果一直重複這個過程，就會出現在前面〈遊走在血管中的閃電〉這一章中看過的形狀：碎形！

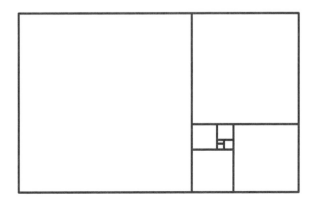

如果用圓弧把這些一個套一個的正方形的角連接起來，就可畫出更令人驚奇的形狀：

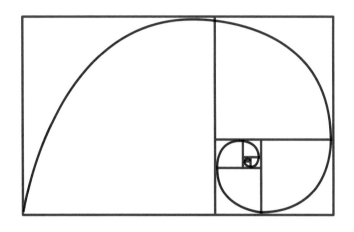

事實上，自然界裡也看得到這個形狀！

黃金比例在自然界和人類設計中處處可見。但目前我最喜歡的是這一章開頭談到的東西：向日葵。

　　為了協助說明向日葵和黃金比例的關係，我先介紹一些關於百分比（例如先前提到的25%和17%等）和分數（例如1/2和3/4等）與小數（例如0.83和3.14）之間的關係。分數、小數和百分比只是呈現同一個數字的不同方法。而數字也和我們一樣，在不同的場合會有不同的表現。要比較兩個不同的量嗎？我們通常會把數寫成百分比。要把某個東西分成好幾份嗎？這時候分數應該最好用。想用工具測量某個東西（重量或長度）嗎？小數應該是最自然的選擇。

　　百分比（percent）是拉丁文「100之中」的意思。我們現在依然用cent來代表100，例如一百年（century）或一百週年（centenary）。百分比符號也是出自這個「100之中」的概念：

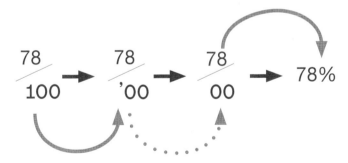

　　這代表78%和78/100相同，而78/100又可寫成0.78。同樣地，100%可以寫成100/100，也等於1。這是因為任何數除以自己都等於1，唯一的例外是0，因為任何數除以0都無

意義（讀者如果想知道為什麼除以0無意義，請跳到第24章〈數學錯誤〉）。事實上，我們可以把任何小數寫成百分比，就算是大於1的數也可以。約等於1.618的黃金比例就是個好例子，它可以寫成161.8%。

如果選擇以黃金比例當成旋轉參數，以一圈的161.8%取代25%、20%或34%，請看這樣呈現的形狀：

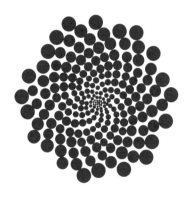

我第一次看到這個圖形時，腦袋像被打了一拳。誰想得到向日葵竟然知道我們發現宇宙中處處都有的神奇常數？如果想更進一步體會這一點，另一種畫法更容易看出每一條螺旋線如何構成這個令人驚奇的圖形：

小註解：向日葵其實沒有那麼聰明，懂得列出方程式來得到這個結論，而是因為古代沒有採用黃金比例的向日葵，每朵花生產的種子比較少，最後就在物競天擇下逐漸被淘汰了。但自然演算過程可以達成這樣的數學結果，就跟運用智慧和理解算出這個結論的人類一樣了不起！

　　小花排成的螺旋線非常精確地排在一起。有人說只要深入觀察任何事物，都可以在其中發現數學原理，我想低調的向日葵應該是自然界中最能證明這個說法的例子。

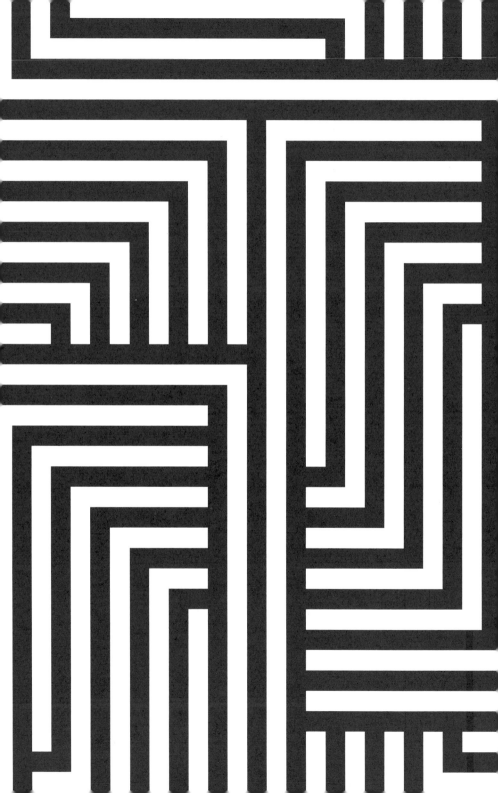

CHAPTER 08

真正的黃金數列
請起立

　　前一章〈向日葵也懂宇宙〉介紹了**黃金比例**，比值大約等於1.618。這個令人驚奇的數字擁有更令人驚奇的威力：它是我們心目中美的基礎。它能以幾何方式自我複製，還能漂亮地解決演化問題，讓大多數了解這一點的結構工程師自嘆不如。黃金比例後面有一串衍生產品，每個產品都有自己的生命，像是前面我們已經介紹過的黃金矩形和黃金螺線。

　　我們還經常看到的一個例子，就是和黃金比例有特殊關聯的一串著名數字——**費波那契數列**（Fibonacci sequence）。這個數列長得像這樣：

0, 1, 1, 2, 3, 5, 8, 13, 21, 34, 55, 89,
144, 233, 377, 610, 987, 1597...

　　如果你以前沒看過這些數字，看得出其中的模式嗎？

　　請先花一兩分鐘想想看，再接著看下去！

　　費波那契數列一開始是0和1。接下來的每個數字都是前兩個數字的和，所以0+1=1，1+1=2，接著1+2=3，2+3=5，如此不斷持續下去。

　　費波那契數列隱含許多很酷的模式，越仔細觀察，收穫就越多，只要我們用心挖掘，就能發現許多寶藏。舉例來說，如果把數列中的每個數平方（也就是自己乘以自己），看看會有什麼結果：

0, 1, 1, 4, 9, 25, 64, 169, 441, 1156...

這沒什麼稀奇？好吧，再把相鄰的兩個數字相加，看看
又是什麼結果。從頭開始結果是這樣：

1, 2, 5, 13, 34, 89, 233, 610, 1597...

看起來是不是有點眼熟？事實上這就是費波那契數列
中每隔一個的數字。如果從頭開始全部相加，而不是兩兩相
加，費波那契數的平方數還有更奇特的表現。用文字說明有
點複雜，所以我想用幾個數學式來說明。請看是否能在以下
的加總中看出模式：

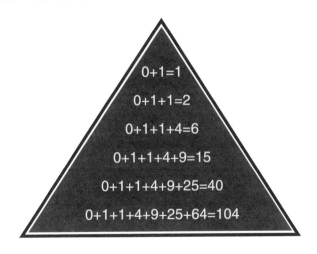

0+1=1
0+1+1=2
0+1+1+4=6
0+1+1+4+9=15
0+1+1+4+9+25=40
0+1+1+4+9+25+64=104

1, 2, 6, 15, 40, 104......好，我承認。這些數字乍看之下
看不出什麼模式，但如果我把這些和（加總後的結果）和某

些積（連續兩個費波那契數相乘的結果）並排，這個模式會
自己出現：

和	積
0+1=1	1×1=1
0+1+1=2	1×2=2
0+1+1+4=6	2×3=6
0+1+1+4+9=15	3×5=15
0+1+1+4+9+25=40	5×8=40
0+1+1+4+9+25+64=104	8×13=104

　　有點讓人背脊發涼，對吧？當然，真正的問題是為什麼
會這樣？費波那契數的平方和為什麼等於連續兩個費波那契
數的乘積？

　　要深入這個謎團，弄清楚是怎麼回事，我們必須觀察這
些數字，了解它們代表的真正意義。仔細觀察我們討論這個
主題時所用的語彙應該會有幫助。我們說某個數的「平方」
時，通常不會想到我們說的是幾何圖像：25是5的平方，因
為它是邊長是5單位的正方形的面積。所以我們說把費波那
契數的平方相加時，就是把一連串越來越大的正方形加在一
起。我用圖形來說明這點。

　　第一個和沒什麼好說的，這是0+1的圖：

接著是0+1+1，其實一樣沒什麼好說的：

接下來0+1+1+4和0+1+1+4+9兩個和就開始比較有趣了。

 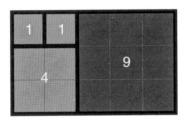

　　請注意我們每一步相加的新正方形（圖中以深紅色標示）放在先前圖形的旁邊一定剛剛好，這不是巧合，而且我不敢確定讀者是否想得出為什麼。如果我多畫幾步會不會更清楚？

 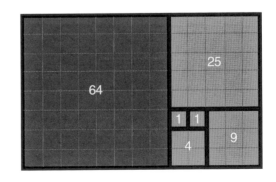

　　還記得我們研究過的 1, 2, 6, 15, 40 和 104 這些和嗎？這些面積恰好就是這些數字。不過這些形狀不是隨機畫出的多邊形，而是道地的矩形。這是因為每個新的正方形放在先前圖形的旁邊都剛剛好，就像我們上面提過的。

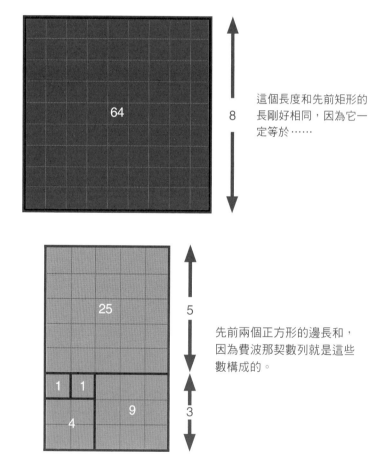

這個長度和先前矩形的長剛好相同，因為它一定等於……

先前兩個正方形的邊長和，因為費波那契數列就是這些數構成的。

但如果每個新圖形都是矩形，而不是好幾個正方形的和，就表示我們可以用另一個方式計算它的總面積：矩形的面積等於長乘以寬。不過觀察過這些矩形的長和寬之後，我們發現：它們一定是連續的費波那契數！所以舉例來說，最後一個矩形是長8單位、寬13單位，所以面積不只等於0+1+1+4+9+25+64，而且也等於 8×13。

此外，如果讀者看過這個解釋之後有種詭異的似曾相識感，可能是因為這些圖形相當眼熟：每個圖形看起來越來越像上一章介紹黃金比例時曾經看過的黃金矩形，差別是我們先前是從外向內畫矩形，這次則是從內向外畫。這是數學的重要特徵：相同的模式一再出現，無論你是從哪個方向來的。

好，這很有意思。不過我們討論這一點的真正理由是費波那契數列應該和黃金比例的某些神祕行為有關，對吧？嗯，這次我們不把數列中的個別數平方，而是以比較特別的方式組合這些數 —— 把每個數除以前一個數，看看會怎麼樣（但把0忽略，因為除以0會造成許多邏輯問題）。

算式	答案
1÷1	1
2÷1	2
3÷2	1.5
5÷3	1.66666666...
8÷5	1.6
13÷8	1.625
21÷13	1.61538461...
34÷21	1.61904761...
55÷34	1.61764705...
89÷55	1.61818181...
144÷89	1.61797752...
233÷144	1.61805555...
377÷233	1.61802575...

好的～這真的讓人背脊發涼！詭異的黃金比例又出現了。就只是把數一個個相加這麼簡單的規則，怎麼會產生幾何意義這麼深遠的結果？我們是不是應該把費波那契數列改名為「黃金數列」？

呃，且慢且慢。我們等一下就會知道，費波那契數列

其實沒有那麼特別。我們已經看過費波那契數，現在我要介紹：

吳氏數列

　　吳氏數列一開始是19和9，因為我的生日是9月19日。接下來，數列中的下一個數和費波那契數列的產生方式完全相同：把兩個相鄰的數相加，就可得出下一個數。以下是吳氏數列最前面的幾項：
19, 9, 28, 37, 65, 102, 167, 269, 436, 705, 1141, 1846, 2987, 4833...

這沒什麼了不起，對吧？這排數字看起來很普通，沒什麼特殊之處。不過為了確定，我們試試看用費波那契數列的方式來處理吳氏數列，確定一下真的沒有什麼奇怪的狀況。

算式	答案
9÷19	0.47368421...
28÷9	3.11111111...
37÷28	1.32142857...
65÷37	1.75675675...
102÷65	1.56923076...
167÷102	1.63725490...
269÷167	1.61077844...
436÷269	1.62081784...
705÷436	1.61697247...
1141÷705	1.61843971...
1846÷1141	1.61787905...
2987÷1846	1.61809317...
4833÷2987	1.61801138...

　　你也可以試著自己設計數列測試看看，只要用手機裡的
計算機就行了。試試自己的生日或是任何隨意選擇的數吧，
多大多小都沒有關係。這樣設計出來的數列，鄰近的兩個數
之間的比例最後一定會越來越接近黃金比例！所以費波那契
數其實沒有那麼特別，或許世界上其實沒有哪個數列特別
「黃金」。

　　接著請看最令人驚奇的「盧卡斯數」。艾德華‧盧卡斯
（Édouard Lucas）是19世紀法國數學家，對「休閒數學」很
有興趣（休閒數學比較注重好玩而不重視實用）。他發明了
我最喜歡的數學遊戲點格棋（Boxes，譯註：通常稱為Dots and
Boxes），玩法是在紙上點幾個點，然後跟朋友輪流把點連起
來，看誰能完成最多格子。哪一方完成格子的第四邊，就把
自己的名字寫在格子裡，接著畫另一條線。

1

2

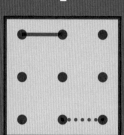

3

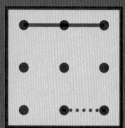

4

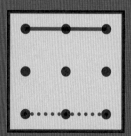

5

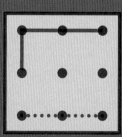

6

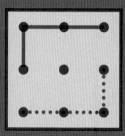

7

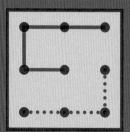

8

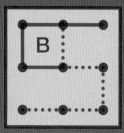

9

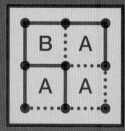

他在趣味數學探索生涯中花了不少時間研究費波那契數，而且發現這個數列的性質其實沒有許多人想的那麼特別。他發明了自己的數列來證明這一點。盧卡斯數列和費波那契數列或吳氏數列一樣，一開始是兩個數，接著把兩個數相加，得出下一項。盧卡斯數列一開始是1和3，接下來是這樣：

1, 3, 4, 7, 11, 18, 29, 47, 76, 123, 199...

跟先前一樣，起初看起來沒什麼特別。但如果願意再讓我高興一次，請看下面這個把黃金比例（ϕ）自己乘以自己所形成的數列，我的意思是這樣：

1.618, 2.618, 4.236, 6.854,
11.0902, 17.9443, 29.0344...

現在請看下一頁把這兩個數列放在一起的圖表。

如果有什麼數列真的可以稱為「黃金數列」，那一定就是盧卡斯數列了。這個數列除了第一項以外，每一項都等於黃金比例四捨五入後的整數，項數越多，就越接近真正的盧卡斯數。**真的很奇怪！**

小註解：我在下面的表格中使用了「次方」這個數學記法（又稱為指數）。數學家總是想用最簡單的方式書寫，所以經常發明新的符號和記號，以便寫得更快。乘法原本是連續加法的記法：看到3×5就知道是5+5+5。所以我們會說是「5乘3」，意思是5連加3次。次方也是相同的意思，只是到了下一個等級：它是連續乘法的記法。舉例來說，我們看到ϕ^3時，就可以唸成「ϕ的3次方」，意思是$\phi \times \phi \times \phi$。

盧卡斯數	ϕ^n（四捨五入到小數點4位）
1	$\phi^1 = 1.618$
3	$\phi^2 = 2.618$
4	$\phi^3 = 4.236$
7	$\phi^4 = 6.8541$
11	$\phi^5 = 11.0902$
18	$\phi^6 = 17.9443$
29	$\phi^7 = 29.0344$
47	$\phi^8 = 46.9787$
76	$\phi^9 = 76.0132$
123	$\phi^{10} = 122.9919$
199	$\phi^{11} = 199.0050$
322	$\phi^{12} = 321.9969$
521	$\phi^{13} = 521.0019$
843	$\phi^{14} = 842.9988$
1364	$\phi^{15} = 1364.0007$
2207	$\phi^{16} = 2206.9995$
3571	$\phi^{17} = 3571.0003$
5778	$\phi^{18} = 5777.9998$
9349	$\phi^{19} = 9349.0001$

CHAPTER 09

數學裡的「結」

數學讓我最欣賞的地方是它用來解決問題非常好用。

> 設計用來接收來自外太空的訊號的衛星天線時，哪種形狀效果最好？
>
> **明天的氣溫會落在什麼範圍？**
>
> 從我家到市區如果中間要停兩個地方，最快的路線是哪條？
>
> **你的咖啡店每杯咖啡要賣多少錢，才能讓顧客滿意又賺到最多錢？**
>
> 這座橋要用多少鋼筋才能在尖峰時段承載五百輛汽車的重量？

包含以上這些的許多問題都能在數學輔助下解決。更明確地說，這類數學通常稱為：

「應用數學」

因為它把數學知識和技巧應用到真實世界的實際問題上。應用數學是有工作的數學。它可以說是穿著工作服、捲起袖子、動手做事的數學。現代世界建立在應用數學的基礎之上，我們生活中的所有層面幾乎都和這些概念和解題方法有關，我們有時候知道，有時候不知道。

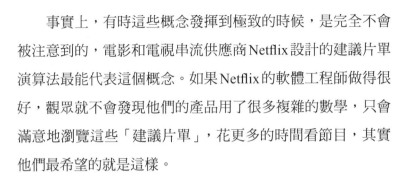

　　事實上，有時這些概念發揮到極致的時候，是完全不會被注意到的，電影和電視串流供應商Netflix設計的建議片單演算法最能代表這個概念。如果Netflix的軟體工程師做得很好，觀眾就不會發現他們的產品用了很多複雜的數學，只會滿意地瀏覽這些「建議片單」，花更多的時間看節目，其實他們最希望的就是這樣。

　　不過應用數學不是唯一的數學。就這方面而言，數學和其他領域和音樂一樣。沒錯，音樂也可能「有工作」，例如廣告音樂（工作是賣東西）或國歌（工作是提升愛國心）。但音樂家不一定是為了解決問題而演奏音樂，大多數人演奏音樂是為了樂趣。以數學術語來說，我們稱這種數學是「純數學」。它被稱為「純」的原因是它沒有受外在環境或實際用途影響（污染？）。它是為了休閒娛樂而存在的數學。

它是穿著浴袍和絨毛拖鞋的數學。

　　讀者或許覺得很難想像有人會為了好玩算數學。不過正如這本書裡經常提到的，這多半是因為不知道數學含括的範圍其實非常廣泛。拼拼圖的小孩、努力轉著魔術方塊的小女生、摺紙鶴的小男生，以及在回家的電車上擦擦寫寫數獨的OL，玩的都是數學休閒遊戲。

魔術方塊

　　歷史上有許多數學家對算數學情有獨鍾，沒有任何實用目的。他們覺得投注心力探究純粹抽象的概念在某種程度上比把數學當成工具來得高尚。英國數學家葛福瑞・哈第（Godfrey Hardy）就是這種想法的代表。他曾經在散文〈數學家的辯解〉（A Mathmatician's Apology）中自豪地表示：「無論直接或間接，也無論是好是壞，我的發現從來沒有、將來也不太可能會對世界造成任何影響。」

　　大肆宣揚自己一生的成果既不實際又「沒用」或許有點奇怪，尤其是數學教育批評者最愛批評的就是這些東西跟日常生活完全無關。然而，哈第在同一篇散文裡的另一段話或許可以說明他為什麼認為這是優點：「目前還沒有人發現這些數字的理論可以用於任何戰爭目的，許多年內似乎也沒有人會這麼做。」

　　必須指出的是，哈第的推論或許曾經相當正確，但不難主張這些推論終將是錯誤的。我們在下一章〈解不開的鎖〉中將會知道，有些我們從未想過會有實際用途的數學領域，其實非常實用，例如質數研究等。事實上，數學家原本沒想過實用性的數學遊戲，最後經常為物理學界和人類社會帶來影響深遠的重要用途。

　　例如，哈第應該會很欣賞「結理論學家」。結理論出現於18世紀末，原因是……呃其實沒有什麼原因。早期的結理論學家不是想解決問題或破解宇宙的奧祕，只是覺得結很好玩，想找出方法來合乎邏輯地描述和分類結。畢竟從史前時代開始，結就一直是人類文化的產物。結不只是綁東西的方法，也是紀錄資訊的方法，甚至還是美學表現的方式。中國和凱爾特人都有相當發達的繁複結藝傳統，歷史長達幾百年之久。結甚至還有宗教或精神意義，例如經常出現在世界各地文化的波羅米恩環（Borromean ring）：

這裡需要說明的是，**數學上的「結」**和我們心目中的結可能有點不同。講到結，很多人想到的可能是綁鞋帶。沒錯，鞋帶結這類的東西確實是繩結史上某些想法的靈感和出發點，但因為後面會說明的某些原因，結理論學家比較感興趣的是「封閉環」，也就是說，這裡研究的繩結不像鞋帶那樣有兩個自由端，而是兩端永久接在一起時會有的狀況。因此，最基本的結其實沒有打結，而是單純的環：

這個東西的專有名詞叫做**「非結」**（unknot）。非結不會交叉，也不會和自己重疊，因此看起來非常簡單。不過請注意，有些結看起來或許很複雜，但其實根本就是非結。舉例來說，請看這個結：

這個結的左下角好像有兩個點和自己交叉。然而如果把

這兩個小環轉過來,就可以輕易地轉開這個結,變回前一頁的非結。在結理論中,這兩個結是等價的。知道這點之後,我們就可以看出,即使像這樣的妖魔鬼怪,只要好好處理,其實相當簡單:

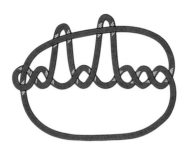

此外,所以我們念數學的沒在管鞋帶可以打的結。用鞋帶打的「結」都可以解開再重打成另一種結,所以這類結在結理論中其實都一樣。

接著,你可能會想到另外一種完全不同的結。請看以下的圖:

這種結稱為「三葉結」(trefoil)。這個名稱來自三葉草,因為它看起來很像三葉草。我們可以用菸斗清潔棒或細繩做出這種結,再把兩端綁在一起。無論多努力,我們都不

可能把它解成非結，它是真正無法馴服的妖怪。

　　請讀者們動手試試看。試著扭轉這個結，使它變得和上面的圖不同，然後把做出來的結畫在紙上。多做幾次之後，可能會發現無論如何扭轉這個結，至少都會有三個交叉點：

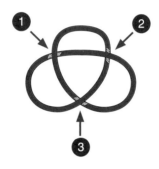

　　下面這些是三葉結的「經典」形式，圖中標出三個交叉點。這是我試著用幾種方式扭轉的結果：

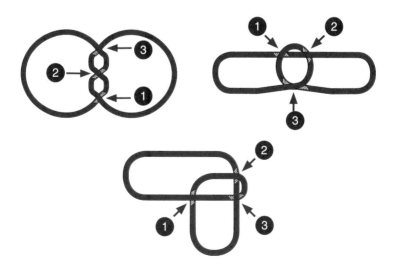

三個交叉點永遠清楚可見。我可以把一個環再轉一次，增加一個交叉點，但無論我怎麼扭轉，這個結至少都會有三個交叉點。事實上這是結的重要性質：結的交叉次數。

- 非結沒有交叉。
- 奇怪的是，你不可能打出只有一或兩個交叉點的結（這樣的結一定會鬆開變回非結）。
- 三葉結有三個交叉點。

有四個交叉點的結稱為「**8字結**」，看看下方的經典形式，就可以知道它為什麼叫這個名字：

如果交叉點再增加，結就會越來越難區別。舉例來說，這兩個結看起來很不一樣：

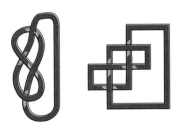

　　但如果仔細數一下，就會發現這兩個結其實跟8字結一樣，因為它們的交叉點都是四個，而且都可以變化成相同的樣子。

　　上面最後這一句話非常重要。如果一個結必須剪斷再重接才能變成另外一個樣子，那麼這兩個結即使交叉點一樣多，但本質上就是不同的結。請看下圖左邊的五瓣結（cinquefoil）和右邊的三扭結（three-twist knob）：

　　這兩個結的交叉點都有五個，但沒辦法靠扭轉互相變化。所以即使交叉點為零個、三個和四個的結只有一種，有五個交叉點的結則有兩種、六個交叉點的結有三種、七個交叉點的結有七種、八個交叉點的結有二十一種、九個交叉點的結有四十九種，十個交叉點的結更多達一百六十五種。

　　這一章開頭曾經提到應用數學（用來解決真實世界中各

種問題的數學）和純數學（純粹為研究而研究的數學）之間有什麼不同，結理論似乎明顯屬於後者。除了數學家和依據結的數量和難度取得木章的童軍之外，誰會真的對這些東西有興趣？

最終極的「命運之結」，是結理論對地球上的所有生物都很重要。我們體內的每個細胞都充滿了結，決定了我們是誰。這些結就是去氧核糖核酸，通常稱為DNA。

DNA中包含控制所有生物生長和運作的遺傳指令（甚至包含某些無生物，取決於我們如何定義病毒）。DNA是有機分子構成的密碼，以特定方式串連在一起。單字中的字母順序決定單字的意義，也是區別單字的依據，同樣地，DNA中的分子順序也決定了DNA的性質。

人類這種生物非常複雜，所以我們的遺傳密碼非常長，才能容納所有必要資訊。英文有二十六個字母，但DNA「字母」只有四個，分別是胞嘧啶（cytosine）、鳥嘌呤（guanine）、腺嘌呤（adenine）和胸腺嘧啶（thymine）四個含氮分子。要有三十億對這類分子才能構成人體，而且每個細胞都有這三十億對分子。

這些稱為鹼基（base）的分子非常小，但任何東西如果有三十億個，加起來都會相當可觀。如果把一個細胞裡的DNA拿出來拉直，長度可達到兩公尺。不過根據最先進的

研究，人體內平均有三十七兆個細胞。所以如果把體內所有DNA排成一列，長度將可達到740億公里。可能有人會問，這樣到底是多遠？為了讓讀者們有個概念，這個距離大概是從地球到太陽來回250次。

我們的身體裡有這麼多DNA，但這些DNA存放的地方其實小到看不見。這是怎麼辦到的？答案就是結。我們的DNA捲成結，就像這一章裡經常看到的結一樣。

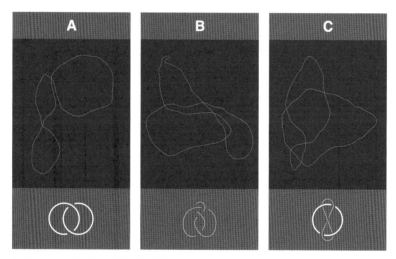

你的DNA以結的方式呈現的樣貌。

事實上，人體某些酵素的功能就是解開和重新連接DNA分子，以便把它變成另外一種DNA。

各位知道這是什麼意思嗎？

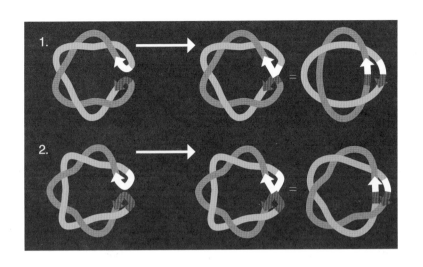

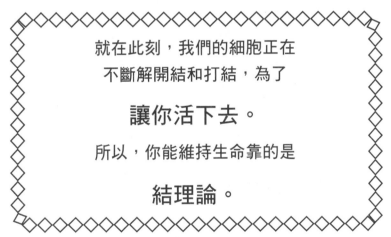

就在此刻，我們的細胞正在
不斷解開結和打結，為了

讓你活下去。

所以，你能維持生命靠的是

結理論。

　　對我而言，這件事意義非常深遠。數學為什麼重要？因
為隱含在數學中的祕密能幫助我們了解宇宙的奧祕，連為地
球生物帶來生命的遺傳密碼這麼深奧的奧祕也不例外。

CHAPTER 10

解不開的鎖

　　傳話遊戲歷史十分悠久，因為它既簡單又好玩。看起來相當簡單的一句話經過幾次傳遞之後，居然會變得面目全非，真的是件非常有趣的事。

　　很少人知道現代網際網路也很像這個有趣的派對遊戲。我們做一件很簡單的事，例如打開手機app時，手機會透過無線電波傳話給附近的基地台，基地台再透過地下電纜傳話給區域交換機，區域交換機再傳話給網際網路服務供應商的伺服器。這一連串傳話持續進行，我們的手機訊息離開臺灣，從海床底下傳到……可能是美國。最後，訊號到達讀取這個訊息的電腦：「傳Google的首頁來！」接收端忠實地遵守指令，把一連串資料傳回我們的手機，不過路徑很可能完全不同。這趟來回超過兩萬四千公里的旅程，花費的時間可

能不到1/5秒。

　　把網際網路比做傳話遊戲就很容易想到，最大的挑戰是確保對方收到的訊息和我們發出的訊息完全相同，尤其是距離這麼遠的狀況下。這確實是個大問題，而數學很樂意出手協助我們解決。數學有好幾千種方法可以確保訊息能原封不動地傳到。最容易理解的一種方法稱為「核對位元」（check digit），以下是一個例子。

　　假設我們想把26101949這個8位數傳到地球另一端。我們按下傳送按鈕時，有點像是把訊息投到郵局。郵局會先檢視這封信，貼上郵票，然後開始遞送。這裡的差別是電腦不是貼上郵票，而是在這個數字末端加上第九個位元才送出去，第九個位元也就是核對位元。電腦決定應該加上哪個數字的方法是：

1. 把訊息中的所有數字相加：
   2+6+1+0+1+9+4+9=32
2. 把總和反覆減去10，直到小於10為止：
   32-10=22, 22-10=12, 12-10=2
3. 最後的數字（這個例子是2）就是核對位元。

　　所以電腦傳出去的不是26101949，而是261019492。地

球另一端的接收電腦知道我們做了什麼。收發雙方在開始溝通之前會商量一套處理規則（通信協定）。如果收到的訊息和發出的訊息完全相同，接收方就會執行相同的程序（把所有數字相加），並算出核對位元的值，知道應該是2。我們送出的核對位元和接收端算出的相同，所以接收端斷定訊息已經正確送到。

假設中間發生某些問題。如果傳話過程中有一部電腦不小心破壞了訊息，送成231019492，接收端電腦就會執行以下的步驟：

1. 把訊息中的所有數字相加：

   2+3+1+0+1+9+4+9=29

2. 把總和反覆減去10，直到小於10為止：

   29-10=19, 19-10=9

3. 這表示接收端電腦認為核對位元應該是9，但接收到的核對位元是2，所以過程中一定出了什麼問題。

這一連串產生和驗證核對位元的步驟（稱為一種「演算法」）用電腦計算時非常簡單快速，但隱含代價是可能會有許多漏網之魚。舉例來說，如果有數字放錯位置，例如61021994（這種狀況稱為換位誤差），即使訊息已經完全不

同，這個方法產生的核對位元仍然相同。此外，如果變化互相抵消，電腦同樣不會發現。舉例來說，35101949產生的核對位元同樣是2，因為3+5=8，而2+6也=8。比較精細的演算法可發現更多錯誤，但更難理解，電腦的計算工作也越吃重。

　　這個檢核過程不只是最後才做，而是每個步驟都會做一次。這樣如果發現錯誤就能立刻更正，不用追溯到一開始。這就像每個人聽完前一個人講話之後會再問一次：「你剛才講的是這樣嗎？」

　　我們大致知道了如何讓答案原封不動地傳到。但這樣出現了更大的問題：如果網際網路是一連串自我檢查和修正的傳話過程，代表每個接收訊息再傳出去的伺服器都握有一份正確無誤的訊息，然後才傳給下一個伺服器。即使不是永久保留，至少也會保留一段時間。如果我們送出的訊息是信用卡卡號，那這是不是表示網際網路上的幾十萬台電腦都握有我們珍貴的個人資料？我們的銀行帳戶為什麼沒有在我們執行第一筆網路交易之後就被偷光？

　　答案就是精巧的數學運算。它不但保護我們的個人安全，也是總值數兆美元全球經濟的基礎。但在開始介紹數學如何保護信用卡卡號之前，我們必須知道傳送訊息時如何保護的基本概念。

　　人類傳送機密訊息已經有千百年歷史。我們雖然希望有個迅速可靠的信差可以安全地把訊息傳給指定收件人，而且不被攔截，但其實把機密託付給單一的人或傳送方法風險太高。在機密通訊極為重要的戰爭時期，傳令兵是最重要的攔截對象。無線電通訊時代開始之後，無論是不是指定接收者，只要有無線電設備，就能接收周圍發射的訊號。

　　這時我們所謂的「加密」出現了，也就是利用密碼改變訊息，讓不知道如何解譯的人完全看不懂訊息。這種狀況可以比喻成把訊息放在鎖住的盒子裡，只有我們和指定收件人有鑰匙，可以打開。在這種狀況下，訊息安全程度完全取決於鑰匙的隱密程度，如果有人複製了鑰匙，就和指定收件人一樣能輕易看到訊息。因為鑰匙必須隱藏起來，所以這種方法稱為「私密金鑰加密」（private key encryption）。

　　以下是從數學角度說明私密金鑰加密的例子。再回頭看看先前的訊息26101949：假設5是個簡單的數字金鑰，我們可以把每個數字都加上5，取代原本的數字，變成「加密」的訊息。以這個加密方法而言，如果加上5之後超過10，就忽略十位數。所以加密9時是9+5=14，再以4取代9，因此加密後的訊息是71656494。因為這種方法是把一個數字直接換成另一個數字，就像音樂家把音樂改成另一個調一樣，所以稱為「換位密碼法」（transposition cipher）。

　　換位密碼法雖然比毫不加密地直接傳送訊息好一點，但仍然有明顯的缺點。首先，如果數字代表字母，而我們要傳送由英語等常見語言的單字構成的訊息，加密訊息就會跟原始的明文（plain text）一樣簡單易懂，尤其是訊息很長的時候。如同步兵被騎兵取代、艦砲被巡弋飛彈取代一樣，想保密的加密專家和想破解的解密專家之間的數學武器競賽一直持續到現在。

　　擊敗簡單的換位密碼法的統計工具也很簡單，稱為「頻率分析」（frequency analysis）。我們知道，訊息中的數字可能是隨機的，單字中的字母則一點也不隨機。有些字母（例如母音）非常常見，有些字母則在一般語言中很少出現（例如q和z）。讀者們可能聽說過e是英語中最常出現的字母。如果字母是隨機分布，那麼每個字母出現的比例應該是3.8%左右。但根據《加密數學》（*Cryptological Mathematics*）作者羅伯・盧旺德教授（Robert Lewand）指出，e在最常見的英文句子中出現的比例高達13%，是平均的三倍之多。出現比例第二高的是t，大約是9%。這些數字都已經相當確定，每種語言的字母的典型分布也已經統計出來：

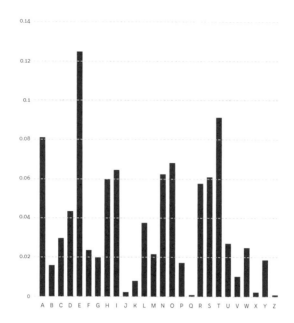

訊息越長，分布狀況就會越符合已知比例。較短的訊息比較可能偏離這個模式的原因同樣是數字問題。例如「I am a Zulu warrior」這個簡短訊息的分布是這樣的：

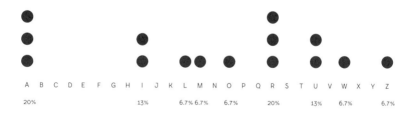

因為訊息很短，所以較少出現的單字和字母對整體分布的影響高到不成比例。此外，英文中最常出現的字母在這段訊息裡竟然一次都沒出現！不過如果訊息比較長，這種狀況

就會越來越少。如果是這樣,我們就可以仔細觀察加密的訊息,看看它的字母分布是否符合已知的分布。如果有某個字母或數字固定換成相同的字母,敵人就知道加密訊息中最常出現的字母應該是可能語言中最常出現的字母,進而破解編碼。這條「機密」訊息在解密專家手中變得毫無機密可言。

克服這個缺陷的方法很多。最知名的一種方法是第二次世界大戰時期納粹德國使用的恩尼格瑪(Enigma)密碼機。這部機器使用電路和齒輪,排列出幾百萬種組合,每次加密某個字母時都置換成不同的字母或數字,藉此避免頻率陷阱。這個創新方法原本的用途是金融交易加密,但德軍認為這具機器很有潛力,借用了這個設計,依照自己的需求加以改造,因此能在傳送訊息時讓盟軍監聽站無法破解。

恩尼格瑪密碼機已經比它的前身改良不少,但有個重大缺陷:它採用的設計基礎和最簡單的換位密碼法相同,都是私密金鑰。德軍無線電通訊官都有一本密碼本,列出恩尼格瑪密碼機的數字設定值。軍官每天都會更改代碼,讓試圖破解訊息的英國軍官不得其門而入。英國數學家艾倫‧圖靈(Alan Turing)帶領一組團隊,以自己設計的機器(稱為「炸彈」〔Bombe〕)破解恩尼格瑪密碼機。這個過程本身也是十分精采的故事。但他們必須找出每天的私密金鑰,才能成功解讀當天的訊息。

　　私密金鑰即使非常繁複,在網際網路時代也一樣無法發揮作用。回頭看看前面提過的傳話遊戲這個例子,就可知道發送者一定要跟接收者面對面,才能把私密金鑰傳到最後一位。為了克服這個問題,德軍製作了密碼本,讓無線電通信官無論在哪裡都有金鑰可用。不過如果要這麼做,發送者和接收者同樣必須在過去的某個時間點碰面才行。我們傳送信用卡號時,跟網際網路伺服器之間從來沒有碰過面,所以網際網路的基礎不是私密金鑰,而是公開金鑰。

　　公開金鑰聽起來好像有點矛盾。鑰匙如果放在公開的地方,怎麼能保持家裡安全呢?其實公開金鑰加密法的前提和私密金鑰完全不同。私密金鑰的運作方式是這樣的:

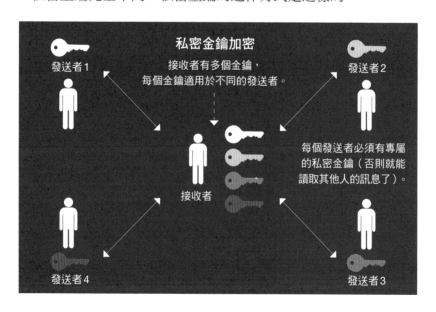

私密金鑰加密

接收者有多個金鑰,
每個金鑰適用於不同的發送者。

發送者1

發送者2

接收者

每個發送者必須有專屬
的私密金鑰(否則就能
讀取其他人的訊息了)。

發送者4

發送者3

　　請注意發送者和接收者必須有相同的金鑰，用這個金鑰來加密和解密訊息。因為收發兩端的處理過程是相同的，所以私密金鑰加密有時又稱為「對稱加密」（symmetric encryption）。

　　另一方面，公開金鑰加密則完全不同。它使用的「金鑰」其實一點都不像鑰匙，而比較像掛鎖。

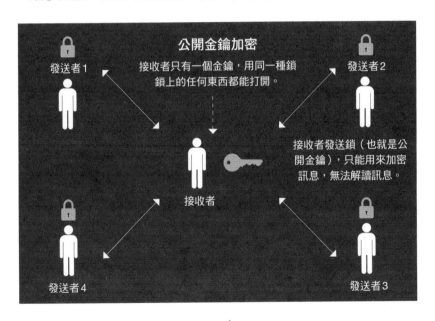

　　掛鎖很特別。我們即使沒有鑰匙，一樣可以上鎖。也就是說，我們可以上鎖但沒辦法打開。以加密術語而言，這就是我們可以加密訊息，但沒辦法用同樣的資料解讀訊息。接收者把掛鎖公開，讓大家都能把訊息上鎖及發送出去，但只

有接收者有鑰匙打開掛鎖。因為發送者和接收者需要的資料不同，所以公開金鑰加密又稱為「非對稱加密」（asymmetric encryption），代表不像私密金鑰加密一樣兩頭是相同的。

不對稱就是公開金鑰加密運作的祕訣。而這會需要運用到數學裡的一種函數：「陷門函數」（trapdoor function）。陷門是一種容易掉入但很難爬出的陷阱。從名稱就可以想見，陷門函數就是一種朝某個方向計算很容易，但要反過來計算很難的函數。這類函數究竟是什麼樣子？現在就來介紹最重要的一種數：**質數**。

我們很小就學過質數，所以有些人可能在記憶深處還記得質數的定義。許多人記得的質數，是所有只能被自己和1整除的整數。舉例來說，7是質數，因為它只能被7和1整除（7 ÷ 7 = 1和7 ÷ 1 = 7）。相反地，6不是質數，因為它也能被2和3整除（6 ÷ 2 = 3和6 ÷ 3 = 2）。

這點帶來的結果之一是，如果物品的數量是質數，就不可能平分給一群人，唯一的例外是人數和個數相等的時候。順便提一下，我覺得Tim Tam巧克力餅乾每包放十一個的原因就是這樣：11是質數，所以除非家裡正好是十一個人（或是願意兩人共享一片，不過誰願意呢？），否則數學上不可讓每個人都吃到一樣多的餅乾。等到一包快吃完的時候一定會開始爭執（你上次比我多吃一片！），最後不得不再買一

包。

真的是很聰明的行銷策略！

質數是數學宇宙中的元素。

宇宙所有物質都是元素以特定方式組成，所有的數也都可以透過將質數以特定方式組成（這個概念在數學上相當重要，因此有個很炫的名字叫「算術基本定理」〔Fundamental Theorem of Arithmetic〕，想進一步了解請參閱第224頁）。質數就像元素一樣容易結合，但結合之後就很難分開。

舉例來說，要把31和59兩個質數相乘相當容易。但相乘之後是1349的兩個質數是什麼？這就不容易了！（答案是19和71）。這類問題不只對我們弱弱的大腦而言很難，連運算能力超強的電腦處理這類問題（稱為「質因數分解」）時，也會隨數字逐漸增大而花費許多時間。相乘很容易，但分解很難，這就是陷阱。

現在說明這點和加密技術的關係。希望能安全接收訊息的網站，會發送公開金鑰給需要的人。公開金鑰是非常大的數，通常有好幾百位數，任何人都可以用來加密訊息。我們完成加密之後，掛鎖就鎖上了。如果沒有鑰匙，其他人都打不開這個訊息，連我們自己都打不開。但鑰匙是相乘後構

成公開金鑰的兩個質數（和19和71一樣，只不過大好幾千倍），分解公開金鑰的因數，求出這兩個質數，是件極為耗時的工作：有些金鑰極長，連現在的電腦要算出答案，也得花上比可觀測宇宙的歷史還長的時間才行。因此，以這兩個質數產生原始公開金鑰的接收網站，就能安全地接收各種訊息，絕對不會有傳話遊戲那樣的情形發生。

CHAPTER 11

地點、地點、地點

義大利托斯卡尼這片草地看來不怎麼起眼，但儘管這個時節相當炎熱，這裡依然是個吸引很多人注意的地點。草地上有好幾十個遊客，但都不怎麼注意彼此。特別的並不是這些外國人的人數或密度，而是他們做的事情。

一位女性伸出一隻手，好像在支撐什麼東西。有個旅行團排成一排，整齊地向一邊傾斜。一個小女孩伸出一隻手指，好像在按按鈕。他們和擺出同樣姿勢的許多遊客一樣，都是在拍照。這裡到底是什麼地方？這裡其實是比薩斜塔前面，遊客們正在留下「到此一遊」的照片證據。

這些人在比薩斜塔前面拍的玩笑般的照片，有些真的很有創意。即使我們知道這些照片只是借位，但拍得好的話依然可以亂真。但這些照片讓我打從心底想到一個問題：我們怎麼判斷物體距離多遠？我們的大腦又怎麼分辨物體究竟是很大還是很近？

　　人類的大腦有很大一部分用來處理視覺。用眼睛計算距離是人類祖先十分重要又好用的技能。他們遭遇威脅，例如在叢林裡碰上老虎的時候，必須很快地判斷應該上前戰鬥還是退後逃跑，所以大腦發展出各種各樣的技巧，充分運用雙眼視覺。大自然顯然也認為這在動物界中是非常有用的特質，所以世界上許多生物有兩個眼睛。這類技巧有些相當精細，依靠的是微弱的照明線索、對動作的理解，或辨識周遭環境經常出現的特定形狀。但大腦採用的方法中最簡單直接的一種，其實靠的是相當簡單的幾何學。

　　請用一點時間環顧四周，看看身旁以及距離比較遠的物體。我最希望讀者留意的，是你應該會體驗到「視覺單一性」（singleness of vision）這個現象，也就是我們環顧四周時，看到的是一個影像而不是兩個。讀者們或許不覺得這有什麼希罕，但對大腦而言相當不簡單，因為我們的雙眼是分別傳送不同的影像給大腦，大腦再天衣無縫地結合成一個影像。

　　如果不相信，請把右手食指放在眼前，保持一小段距離。盯著食指看，觀察它的特徵。接著閉上一隻眼睛看著它，然後換成另一隻眼睛。如果反覆交換左右眼，會發現兩隻眼睛看到的影像不一樣。事實上，如果手指放在適當的位置，可以讓右眼只看到指甲、左眼只看到指紋。我們的兩隻眼睛視角不同，所以看到的影像一定不一樣，原因是它們位於左右兩邊。

　　現在來體驗一下我們的雙眼感知距離時運用的巧妙數學技巧。請再把手指放到眼前，但這次不看手指，而是把眼光聚焦在遠方。如果人在室內，可以看著前方的牆壁。接著重複剛才的方法，先閉上一隻眼睛，再換另一隻眼睛來看。反覆交換雙眼時，會發現另外一個現象：手指看來會左右跳動，好像趁我們眨眼時瞬間移動一樣。

　　但我們當然知道手指不會動。事實上，如果我們盯著遠方的物體，但同時留意視野中手指的位置，應該會看到手指同時位於兩個地方！

　　我們為什麼不會經常看到這種現象？理由至少有兩個。首先，我們通常不會刻意去想有什麼東西怪怪的，所以不會留意。其次，我們的大腦時時刻刻都在接收來自雙眼的兩個影像，結合成一個立體影像。大腦正是利用兩個影像的不同來辨別哪個物體比較近、哪個又比較遠。

　　它的方法是這樣的：花點時間玩這個手指遊戲，就會發現手指距離越近，它在左右眼影像中的位置差別越大。大腦知道除了手指之外，眼前其他物體都會有這樣的差別，差別越小，物體距離就越遠，因為這個物體的左右眼影像大致相同。但差別變大時，大腦就認為它的位置距離我們越近。

　　因此，即使我們知道比薩斜塔的借位照片是假的，還是會覺得很有趣。把朋友和斜塔一起拍成平面影像，可去除協助我們分辨物體遠近的雙眼線索，左眼和右眼別無選擇，只能傳送相同的照片影像給大腦。我們知道這樣不對，但大腦還是會產生錯覺 —— 至少會維持一下子。

CHAPTER 12

預知天才班

　　預見未來既是夢想也是科幻。不知道為什麼,跟預知有關的故事最後幾乎都會變成警世故事,像是執法機關成立具爭議性的「犯罪預防部門」(如同電影《關鍵報告》中的情節),或是從自證預言轉折而來的悲劇結局(喜歡古典文學的可以參閱《伊底帕斯王》,年輕族群可以看《功夫熊貓》)。但這類故事極少提到人類已經可以預見未來。

我們不需要水晶球或預言捲軸,
只要有數學就行了。

　　雖然世界有時候似乎受**隨機**或**無法預測**的事件擺布,但機率和統計這些數學領域證明,我們一樣可以相當準確地預

測真實世界。19世紀英國統計學家法蘭西斯・高爾頓爵士（Sir Francis Galton）想以他設計的機器證明這一點。當時他稱呼這部機器為高爾頓板（Galton board），這也就是後來的**梅花機**（quincunx）。

梅花機

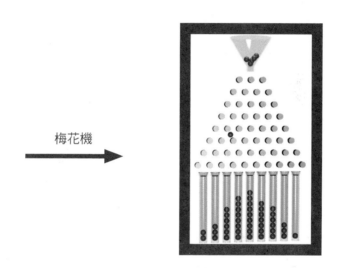

梅花機相當簡單，基本上是個直立的三角形，同時在板子表面釘上許多釘子。板子頂端有個容器裝著彈珠，打開後可讓彈珠順著重力滾下。釘子之間的距離相同，排列方式有特殊設計，讓彈珠碰到之後朝左右落下的機率相等。彈珠最後落到板子底部，進入某條溝槽中。

因為彈珠朝左右落下的機率相等，所以或許有人會認為要預測彈珠在板子上滾動的結果是不可能的。不過我們不僅

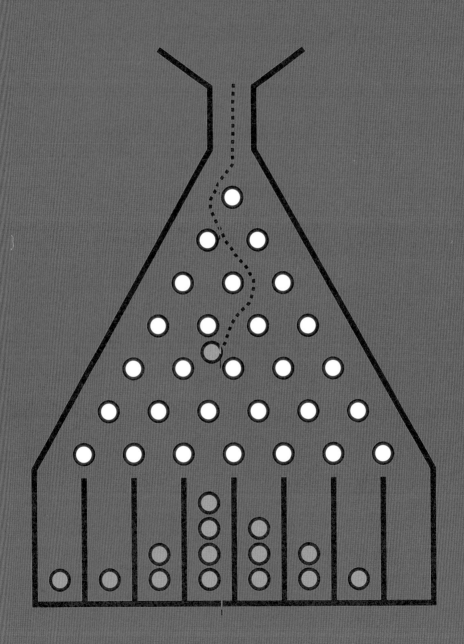

能預測結果,而且還能確定這個實驗無論重複幾次,結果都
會大致相同:

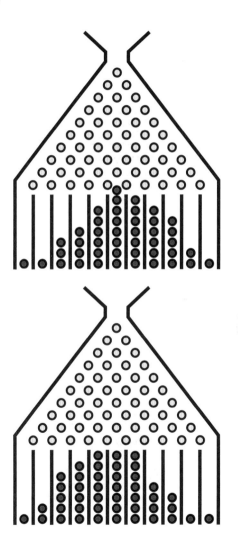

這是怎麼回事？為什麼這樣完全隨機的過程產生的結果這麼一致？只看一次彈珠滾落不可能知道下一顆彈珠會怎麼滾。每顆彈珠都和先前滾落的彈珠無關，可以自由採取任何路徑落到底部（因為無生物不會彼此影響）。要理解梅花機的特質，關鍵不是把每顆彈珠視為獨立，而是把全部彈珠當成一個整體，受某些法則主導。

我來解釋一下。

為了把實際狀況視覺化以及理解形成梅花機特質的模式，我們先思考規模小得多、釘子也比較少的機器，以便把問題縮小到容易處理的程度。如果梅花機有四排釘子，一顆彈珠要滾到底部，就有十六條可能路徑。這十六條路徑是這樣的：

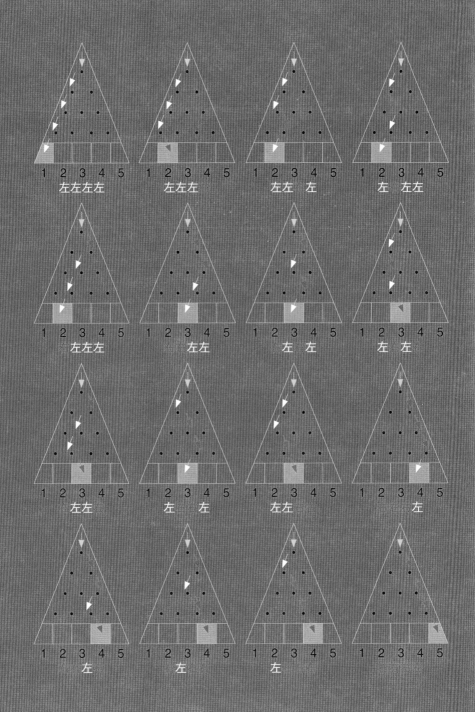

同時觀察所有可能路徑，而不是每次只看一顆彈珠滾下板子，有助於了解一件矛盾的事：就是因為板子具有隨機性，所以我們能預測結果。以真正隨機的事件而言，各種結果的可能性一定相等，否則我們就會說這個狀況有某種偏差。這表示從一個釘子到另一個釘子，彈珠往左跑和往右跑的可能性一定相同。如果每次往左或往右的機率相等，那麼這十六條路徑的機率也應該會相等。

舉例來說，如果放一百六十顆彈珠到板子上，這十六條路徑應該會各被選中十次左右。然而讀者們或許會發現，其中有幾條路徑的結果是相同的。舉例來說，有四條路徑最後會通到左邊數來第二條溝槽，也就是第二條溝槽裡大約會有四十顆彈珠。同樣地，有六條路徑最後會通到中間的溝槽，比其他溝槽都多，所以大約會有六十顆彈珠會落入這個溝槽，比其他溝槽更多。

如果計算通往每條溝槽的路徑數目，以這個有五條溝槽的小板子而言，結果會是：1、4、6、4、1。把這些數字畫成圖之後會是這個樣子：

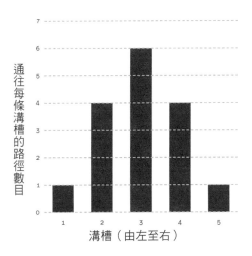

我們可以用更大、溝槽也更多的假想梅花機再做一次實驗，就假設有九條好了。如果再計算一次路徑數目，結果會是：1、8、28、56、70、56、28、8、1。圖形是這個樣子：

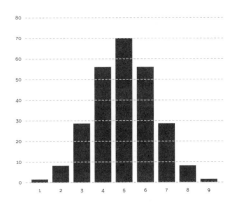

如果溝槽增加到二十一條，圖形會變成這樣：

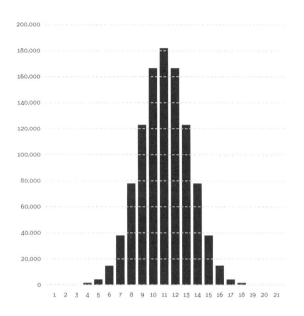

是不是覺得有點眼熟？

前面介紹碎形的〈遊走在血管中的閃電〉這一章曾經提到，詩是以不同名字稱呼相同事物的藝術：發掘具想像力的新方法，拓展語言的極限，描述舊有的共通現實世界。但數學能鍛鍊我們的能力，觀察表面看來完全不同，但其實具有相同模式的各種事物。數學中可以用相同的名字稱呼不同的事物，因為我們看得見這些事物的共同脈絡。

許多人把前面這些圖形稱為鐘形曲線，但數學家稱為「常態分布」（normal distribution）。

它代表受隨機性影響的所有群體都是這個樣子。
換句話說，如果分數分布具有隨機性，
通常就會是這個樣子。

　　無論構成群體的是人、考試分數或事件（例如滾落梅花機的彈珠），形狀都是這個樣子。

　　據記載，生於1854年，逝於1912年的法國數學家亨利・龐卡赫（Henri Poincaré）應該知道關於常態分布的這個特性。雖然他最著名的成就是對數學和物理學的貢獻，但有段軼事提到他曾經運用統計學知識揭發不誠實的烘焙師傅。

　　故事一開始，龐卡赫懷疑當地的烘焙師傅賣的麵包刻意偷斤減兩，企圖欺騙忠實顧客，每條麵包原本應該重一公斤。而且法國一向以度量衡精確自豪，因為負責保管國際公斤原器的國際度量衡局就起源於法國，全世界的一公斤重量都以這個原器為準，所以法國人當然應該能正確測量重量！

　　龐卡赫決定運用統計學來追根究柢。他花了一整年時間，每天買一條麵包。帶著麵包直接回家，秤出重量。一年之後，他取得了數量龐大的資料，用這些資料畫出一年來的測量數據分布。他證明這些資料與鐘形曲線吻合，平均值是950克，標準差是50克。也就是說，依據常態分布，這位烘焙師傅只有16%的麵包重量大於或等於1000克，但有84%

麵包重量少於標示。他把這件事告知主管機關，主管機關對這位烘焙師傅提出警告。

第二年，龐卡赫（永遠的懷疑者）決定繼續天天秤麵包。起初他很滿意，因為麵包的平均重量似乎正好是1000克，符合應有的標準。但時間逐漸過去，他又開始感到懷疑。當年年底，他又把結果提交給主管機關，主管機關立刻對烘焙師傅處以罰款。這次究竟怎麼了？

原來這次是龐卡赫發現分布形狀不均勻，曲線不對稱，較重那一端的重量比較多。像梅花機這類受一般隨機因素影響的程序，一定具有常態分布的對稱性。龐卡赫的結論是第二年的麵包不受隨機因素影響，而是刻意選擇的結果。烘焙師傅做的麵包依然只有950克，但龐卡赫第一次抱怨之後，師傅刻意拿比較重的麵包給他。

日常生活中有許多現象的背後也是形成常態分布的原理。**這個原理讓我們能夠不用完全理解就能準確預測未來。**如果坐上公車從家裡到市內，要花多少時間才能到達目的地？理論上我們可以量出沿公路從 A 點到 B 點的距離，再除以每個路段的最高速限得出時間。但這麼做是不行的，因為路上會有紅綠燈把我們攔下來，暫停不確定的次數。公路的速限其實也不能代表實際行進速度，尤其是在尖峰時段，因為車流量可能會把高速公路變成大型停車場。

尖峰時段

　　這時候常態分布就能幫上忙了。雖然我們很難預測每次車程要花多少時間，就像我們無法預測某顆彈珠滾下梅花機的路徑一樣，但從家裡附近到市內的所有車程時間一定會趨近常態分布。路上的紅綠燈會攔下某些車輛、讓某些車輛通過，就像釘子會使某些彈珠往左跑、某些往右跑一樣。彈珠不大可能每次碰到釘子都往左跑，同樣地，我們也不大可能每次都碰到紅燈（當然也不大可能每次都剛好通過）。隨著我們走這趟車程的次數越來越多，車程時間會像到達梅花台底部的彈珠一樣累積起來。線上地圖就是以這個方式建立機率模型，預測車程通常會花多少時間，因此可以幫我們預估到達時間，而且有時候相當準確。

CHAPTER 13

好厲害的蝴蝶

在前一章裡，我介紹了看似隨機的過程，其實相當容易預測。不過當我們試圖預見未來的時候，事情不一定會那麼順利。有些預言無論如何往往相當不可靠，氣象預報就是這樣。世界各地、古往今來的人都體驗過天氣，而且世界各國一直在極力研究天氣，科學家應該已經很了解天氣型態。因為如此，我們現在還是無法精確預知天氣，就更令人匪夷所思了。天氣為什麼這麼難以掌握？同樣地，數學可以解釋這點，但這次的關鍵是數學的另一個分支，稱為「混沌理論」（chaos theory）。

在日常語言中，「**混沌**」代表「**無序狀態**」。它和代表有序的「**宇宙**」（cosmos）相反。早期天文學先鋒認為，規

律的天體運行是上帝設計萬物的證據，混沌則是另一個極端。混沌和宇宙相當容易互相對照：要說明宇宙是什麼樣子，只要想像夜空中井然有序的星座形狀和排列就行了。恆星的可預測性對古代航海人而言非常有用。如果懂得分辨恆星的位置，和已知的星座圖比較，就能得知自己在茫茫大海上的精確位置。

　　相反地，要說明混沌是什麼樣子，我們或許會想到調皮小孩剛剛造訪過的沙坑。這個小孩走進沙坑，毫不留情地推倒先前其他小孩建造的美麗城堡。沒有人預測得到沙坑中的每顆沙子在小孩玩過之後的精確位置，因為小孩的行動不遵守任何有秩序的原理或法則（唯一可以確定的大概是會摧毀眼前的一切）。

　　天氣這類事物當然比較像沙坑而不像恆星。季節的大致變化和溫度起伏很容易掌握，但個別日子的天氣簡直就跟調皮的三歲小孩一樣難以預料。但是，隨著我們對有形宇宙的了解逐漸增加，也越來越清楚，事物有時只是表面上沒有秩序和隨機。只要我們事先知道所有資料，許多事物實際上完全可以預測。

　　舉例來說，拋硬幣經常被當成純機率的典型代表。但如

果我們知道硬幣的所有條件以及把硬幣拋到空中的方式，包括硬幣的重量、翻轉硬幣的力，以及空氣濕度等等，就可能在事前得知硬幣拋出的結果。數學家把這種狀況稱為「確定系統」（deterministic system），意思是事物在特定時間點的狀態完全由此事件之前的其他事件決定，並沒有事物是真正隨機發生的。

　　數學家對混沌的定義也包含這類狀況：一個系統（例如擲出一顆骰子或不斷變化的天氣狀況）即使不具真正隨機的要素，也可能表現出「混沌」的特質。我們需要說明一下這個概念有多麼古怪。這就像你發現那個小孩走進沙坑時心裡

已經有了詳細的藍圖，要把這幾百萬粒沙子丟到哪裡，而且她在沙坑中執行非常精確的動作，達成想要的結果。這怎麼可能呢？

　　要了解這一點，必須先介紹一個相當重要的數學概念，稱為映射（map）。

數學映射和地圖（map）很不一樣，但功能相同，都是用來呈現不同事物之間的關係。

　　電車路線圖告訴我們車站之間的關係（呈現路網中的連結狀況），街道圖告訴我們地理位置間的關係（呈現距離和方向）。數學映射則是告訴我們數與數間的關係，呈現一個數執行特定數學運算之後如何對應到另一個數。

　　這裡需要指出的是，真實世界中的地圖通常遵守各種不同的規則。我們知道這些規則，但很少想到它。舉例來說，街道圖通常會標註比例尺：地圖上的某個距離代表實際上的某個距離。電車圖則不遵守這樣的規則。兩個車站在圖上看起來可能很近，但其實在路線上距離相當遠。同樣地，不同的數學映射設定數與數間關係的規則也不一樣。

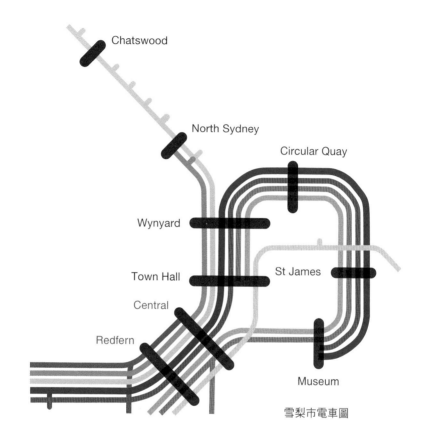

Chatswood

North Sydney

Circular Quay

Wynyard

Town Hall

St James

Central

Redfern

Museum

雪梨市電車圖

　　我來說明一下。以下是一個數學映射：

$$X_n \times 2 = X_{n+1}$$

　　這個算式表示我們一開始任意選一個數，接著把這個數乘以2，就可得出下一個數。不斷重複這一步（稱為「迭代」〔iteration〕），一步步地不斷前進。所以如果從3開始，接下

來的映射狀況是這樣的：

第1步	第2步	第3步	第4步	第5步	第6步	第7步
3	6	12	24	48	96	192

我們是把前一步的數加倍之後得出下一個數，所以這個映射可以稱為「加倍映射」。如果需要，一開始也可以選擇其他的數。從4開始的映射圖是這樣的：

第1步	第2步	第3步	第4步	第5步	第6步	第7步
4	8	16	32	64	128	256

如果從3和4之間的數開始是這樣的：

第1步	第2步	第3步	第4步	第5步	第6步	第7步
3.1	6.2	12.4	24.8	49.6	99.2	198.4
3.5	7	14	28	56	112	224
3.9	7.8	15.6	31.2	62.4	124.8	249.6

讀者們或許已經想到，這裡要請大家留意的是，加倍映射非常容易預測。起始數稍微增加一點，最後結果也會增加一點。起始數如果增加稍多，最後結果也會隨之增多。如果我們把起始數從大到小排列，最後的數也會從大到小排列：

第1步	…中間幾步…	第7步
3		192
3.1		198.4
3.5		224
3.9		249.6
4		256

　　依據這個原理，如果現在我們知道開始的數，要猜出最後一個數，應該可以猜個八九不離十。舉例來說，開始的數如果是5，最後一個數會是多少？6呢？想想看如果開始的數更大，例如10，最後一個數又會是多少？反應快的讀者現在應該想得到，只要把第一個數直接乘以64就好，答案是640。

　　這表示在這個狀況下，只要知道開始的數（數學家通常稱為「起始條件」），我們就能輕易又很有把握地預測最後一個數。這個映射的規則不算太複雜，所以或許不會太讓人驚訝。

　　現在請看以下這個開始數和最後數的對照表，產生這些數的數學映射和前一個不同：

第1步	⋯中間幾步⋯	第7步
0.0001		0.243
0.0002		0.880
0.0003		0.477
0.0004		0.174
0.0005		0.604

　　我們越觀察從這個映射得出的數字，感覺反而越迷糊。起始數之間的差異很小，每列之間只有萬分之一。相反地，最終數之間的差異相當大。因此起始條件即使只改變一點點，數字經過映射之後，變化將會達到數千倍之多。此外，起始數的順序也和最終數的順序沒有關係。有時候增加起始數可使最終數增加，但增加幅度似乎不一定，而且有時不會增加，反而還減少。這到底是怎麼回事？

　　這些數來自「單峰映射」（logistic map）。有人可能認為單峰映射是一團複雜的符號和難懂的數學式，但其實它簡單得出奇：

$$4X_n \times (1 - X_n) = X_{n+1}$$

　　如果再看仔細一點，觀察更多中間步驟（不只專注在起

175

始數和最終數），單峰映射產生看似混亂行為的能力會更令人驚奇。以下是表格裡沒有說明的中間步驟：

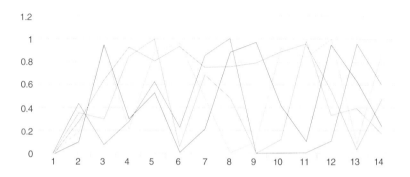

　　沿著這條上上下下的線從左到右看過去，可以看到這個把數放進一套代數規則進行轉換的單峰映射的過程。線條以不同的深淺標示，以便回溯它原本來自何處：較小的數以深色線標示，較大的數以較淺的線標示。這裡可以看出，線條似乎全都出發自圖上的一個點，因為起始數的差別（如表中所示）相當小。

　　單峰映射是數學混沌的典型例子，原因是它具備混沌的重要條件：受初始條件影響的敏感度極大。我們只要稍微改變開始數，線條就會出現很大的變化。在下一頁的圖中，可以看到0.0001（深色）和0.0002（淺色）在單峰映射影響下的改變。

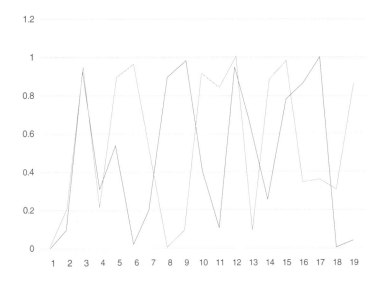

　　「受初始條件影響的敏感度很大」又稱為**「蝴蝶效應」**，原因是有人說蝴蝶拍動翅膀（微小的初始改變）可能會在不知不覺間改變大氣中的空氣流動，在世界另一端造成龍捲風。雖然說這麼小的生物造成規模這麼大的改變似乎很荒謬，但正是因為這個緣故，所以天氣預報極難做到完全正確。

　　天氣預報失準不是因為我們沒辦法隨時追蹤這種有翅膀的小昆蟲，而是因為量測儀器有其限度。世界各地的氣象局收集目前的天氣狀態資料，包括大氣壓力、溫度、濕度、風速、鄰近海流等等，再把這些資料，用這些資料進行數學映射，這個映射的功能和模型一樣，用來提早數天預測這些資

訊。但無論模型多麼精確，這些資料永遠有個缺點，就是準確性不足。我們測量溫度的精確度或許可以達到攝氏0.0001度，但從單峰映射可以看出，即使是0.0001度的誤差，也可能在幾步之後造成很大的變化。

事實上，上頁中0.0001和0.0002的圖充分說明了這樣的變化是什麼樣子。假設溫度計量出的溫度是攝氏25.0001度，但實際上是25.0002度。深色線代表我們預測的溫度變化，淺色線則代表實際的溫度變化。如果把映射中從左到右的每個步驟當成一天，可以看出最初三天不完全相同但相當類似，只有小幅度差別，代表天氣預報還算正確。但到了第四天，狀況完全改觀。微小的變化演變成明顯的差別，不久之後，溫度變化圖看來似乎毫不相關。

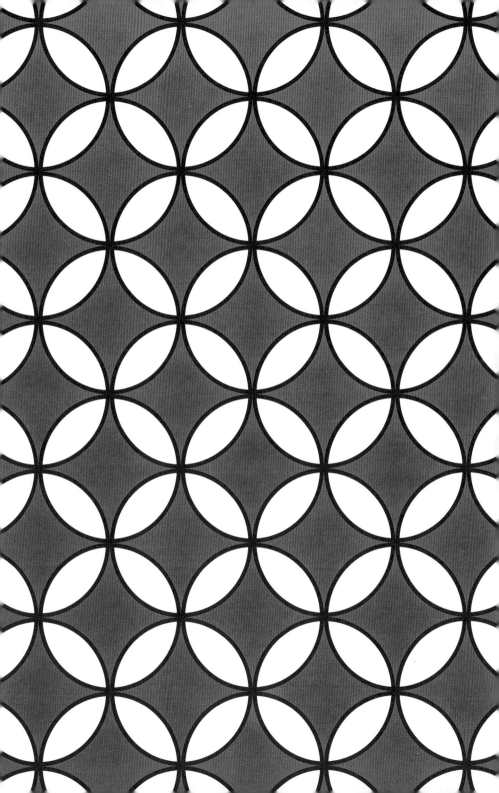

CHAPTER 14

真的有光明會！

我們在〈預知天才班〉這一章看到有趣的梅花機，並且透過它認識常態分布。我們在腦海裡觀察大小不同的假想梅花機，了解到雖然個別彈珠的路徑是隨機的，但我們仍然能正確預測任何梅花機的最終狀態，即使是幾百條、甚至幾千條溝槽的梅花機也沒問題。我們能這麼預測的理由是只要簡單計算一下，就能得出通往梅花機底部每條溝槽的路徑數。剩下的部分就是隨機性的基本性質：所有路徑的機率相等。

現在我想回到這個地方，透過一個簡單思考帶大家認識一個令人驚奇的東西。我們已經知道，如果梅花機底部有五條溝槽，則通往這些溝槽的路徑數從左到右分別是1、4、6、4、1。如果有九條溝槽，則路徑數（同樣從左到右）分別是1、8、28、56、70、56、28、8、1。

以這種方式產生的所有數列可以排出像這樣的三角形：

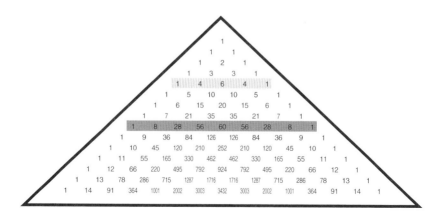

　　請注意從上面數下來的第五列和第九列，這兩列分別對應溝槽數是五條和九條的梅花機。從古到今，這個令人費解的數字金字塔在世界各個文化中不斷出現，所以有很多個名字，包括楊輝三角形、須彌山之梯、塔爾塔利亞三角形，以及海亞姆三角形等等。不過英文中大多稱為「**巴斯卡三角形**」（Pascal's Triangle）。

　　巴斯卡三角形不用藉助梅花機也能完全理解。把1放在三角形的最上端，接著把上方兩個數相加，得出下方的數（到達三角形左右兩邊的邊緣時，就假設外面的數是0）。舉例來說，第九列（在前一頁的三角形中以深色標出）就可以用第八列的數字算出來：

7+21=28, 21+35=56，以此類推。

　　這就是數學家經常發現巴斯卡三角形的第一個理由：容易取得。這種三角形只要加法就能產生，所以連小學生用手算也能寫出很大的三角形。不過世界上很多東西容易生成但沒有價值！這種三角形很美的第二個理由是它就像鑽石礦一樣蘊含許多珍寶，而且這些寶物同樣容易發現。舉例來說，如果把所有偶數都標出來，就會形成以下的圖樣：

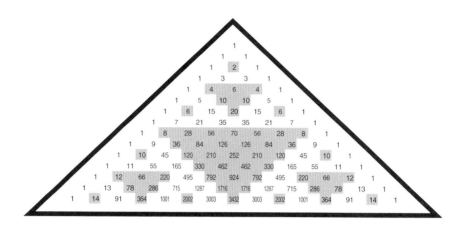

能構成有趣形狀的不只是偶數。如果標出所有3的倍數，會是這個樣子：

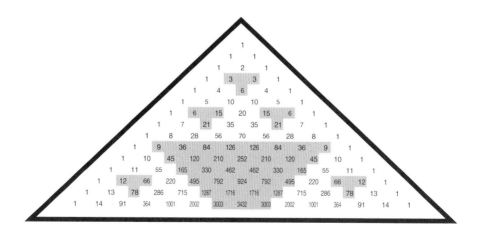

事實上，每個數的倍數都會形成這樣有趣的形狀，請看下一頁第一個三角形中的5的倍數。

這個三角形圖樣和巴斯卡三角形一樣有自己的名字，稱為「謝爾賓斯基三角形」（Sierpinski's Triangle）。它和前面探討過的閃電和血管一樣是具有自我相似性的碎形。

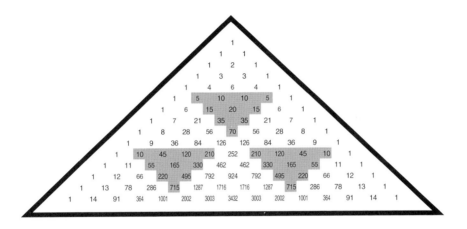

如果繼續研究下去，會發現更令人驚奇的圖樣。舉例來說，如果把其中的數橫向相加，得出每一列的和，從上到下分別是1、2、4、8、16、32等等。把每一列相加可得出2的次方，也就是每一列的總和是上一列總和的兩倍。

如果覺得一列列的數字很神奇，其實這還只是開始而已。舉例來說，看看這排對角線的數字：

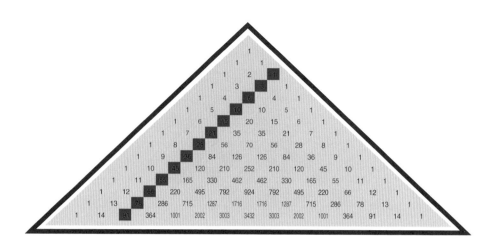

　　這些珍奇數字是「三角形數」（triangular number）：1是
第一個三角形數，3是第二個三角形數，6是第三個，以此類
推。要了解它們為什麼被這樣稱呼，最容易的方法是退後一
步來觀察巴斯卡三角形：

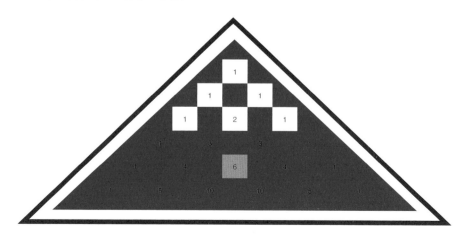

　　6是**第三個**三角形數，而巴斯卡三角形一開始三列也共
有六個數：

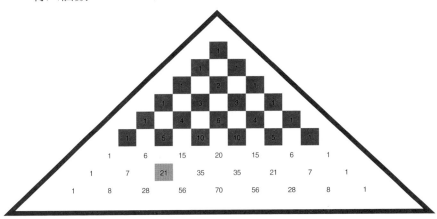

　　21是**第六個**三角形數，而巴斯卡三角形一開始六列也共
有二十一個數。

　　巴斯卡三角形和〈解不開的鎖〉這一章介紹的質數也有
相當特別的關係。如果忽略三角形邊緣的1，只看開頭是質
數的幾列，就能看出這個關係：

　　乍看之下或許不容易看出來，但每一列的數都有個神奇
的特色——它們都是這一列第一個數的倍數，請看下頁圖：

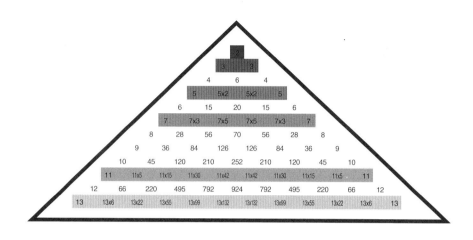

這跟我們有什麼關係？

嗯，這麼說好了。巴斯卡三角形等於是數學界的卡利南鑽石。這塊鑽石重達3106.75克拉，是目前發現最大的鑽石原石。寶石最令人驚奇的特質是它的組成物質十分簡單（卡利南鑽石是碳原子，只不過非常多！），而且完全由自然過程形成（熱、壓力和時間）。巴斯卡三角形的組成要素也是最簡單的數，也就是第十六章將會介紹的自然數，而且完全由最自然的加法產生。它看起來完全不像蘊含這麼多繁複或精細的設計，但它就像卡利南鑽石一樣，擁有藝術家或建築師夢寐以求的美。只要略微轉動，從另一個角度觀看，就能發現全新的圖樣和色彩。巴斯卡三角形的極簡性和多樣的面貌，正等著有心**賞玩數字**的人深入發掘。

CHAPTER 15

滿天都是小星星

快，請你立刻在腦海裡畫一個星形！這個星形是什麼樣
子？

　　讀者們想的很可能是有尖尖的角，角
和角之間是平直的邊緣，像這個樣子：

　　我們告訴嬰兒和幼童這是星形，他們
很快就被牢牢記住這說法。每個小孩上小
學時都一定要畫一張太陽系全圖，裡面的
星星毫無例外地都長這樣：

　　這個陰謀一路延續到長大成人。舉例來說，我們稱呼這
種生物為「海星」：

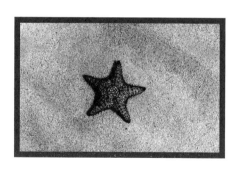

　　世界各地，任何國旗上面的「星星」都是這種有尖角
的形狀。美國的國旗更因為有許多星星和條紋而稱為「星條
旗」：

不過這完全是謊言。

全宇宙沒有一顆星星是這種尖角形，有照片為證：

雖然有「星形」這個名稱，但星星不是星形。

事實上，所有的星星都是**球形**。這是因為重力吸引物

質（也就是形成星星的灼熱電漿）的強度與距離成反比。在某個距離時，星星的重力不足以抓住這些物質，這個距離就是星星的大小。在二度空間中（例如在平坦的紙上），標出所有與中央點距離相同的點，會描出一個圓，而在三度空間（像是我們所知的太空）中則是一個球。

　　古往今來所有文明似乎大多沒有留意到這個天文幾何學原理。人類為什麼不約而同地用頂著尖角的冒牌貨代表球形的天體？

　　回答這個問題之前，我們先花幾分鐘看看幾何學（研究形狀的學問）如何詮釋我們對星星的了解。我們在夜空中看見的天體吸引世界各地所有人的想像和思維，每個文化都為星星賦予了某些意義。無論是杜撰的占星學理論或比較現代的科學推理方法，我們都覺得恆星非常重要，所以自古至今的觀星者一直想以數學方式了解它們。

　　舉例來說，很多人都知道，測量角的時候，我們說360度是一圈。所以「180度改變」這句話的意思是決定或想法變得完全相反。但有沒有人想過為什麼是360度？這是誰決定的？為什麼這樣定？這點已經深入我們的思想，很多人無法想像用其他方式描述角度。但其實真的有其他方式，舉例來說，歐洲某些地區採用百分度（gradian），一圈是400度，對十進位制而言比較好處理。1/4圈，也就是直角，則

正好是100度，感覺上比平常用的90度合理得多。

　　人類從古代就把一圈分成360度，所以選擇360度的確切原因早就已經不可考。不過有兩個說法看起來十分合理，感覺上兩者之間一定有某種關係。

　　第一個理由和因數有關。我們觀察整數時，可以把因數視為把一個數分成數等分且沒有餘數的方法。舉例來說，10有四個因數，分別是1、2、5和10。這表示我們能把10分成一個10、兩個5、五個2，或是十個1。

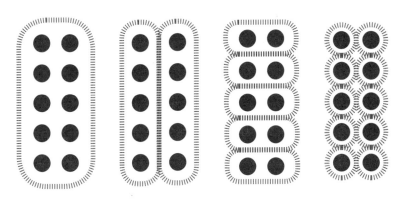

　　一個數有很多因數時很方便，因為這表示我們可以輕易地把這個數分成許多不同的等分。在角度和旋轉方面，這表示我們可以用整數簡單明瞭地描述部分旋轉。舉例來說，轉半圈是180度，轉1/3圈則是120度。十進位制很不適合分成三等分，因為3不是10的因數。轉1/3圈如果用百分度表示就是133.33333……度。

　　360有幾個因數？很多個！事實上，從1到10的每個數（除了7以外）都是360度的因數（360也是具有這個特質的數中最小的一個）。如果繼續研究下去，會發現360有二十四個因數。順便一提，它的前一個數（359）只有兩個因數，後一個數（361）只有三個！

　　因此把一圈設定為360的第一個原因是：它能分成許多不同的等分，所以實際應用上相當方便。不過我剛才提過還有第二個原因，360跟星星有關的原因也在此。人類航行時依靠星星導航已經有千百年歷史。水手沒有其他可靠的地標用來引導，只能看著眼前唯一恆久不變的東西 —— 也就是天空，判斷自己身在何處。

　　不過，天文航海人很快就發現藉助星星確定自己的位置時有個問題。即使不用望遠鏡，單靠肉眼粗略觀察也能看出這點，只要有耐心等上幾個小時就行了 —— 星星看起來似乎會移動。原因是我們從地球看星星，但地球本身並非靜止不動。首先，地球本身會以地軸為中心自轉，像小孩原地旋轉一樣。因此我們看星星會像在旋轉木馬上看周圍的物體一樣，遊樂園本身沒有移動，但因為我們自己的觀看點不斷改變，所以物體看來好像在移動。如果拿相機拍夜空，只要快門時間夠長，就會看到星星拉出圓形軌跡，好像在移動一樣。

　　但其實是我們在移動，我們環繞中心旋轉，觀測點也不斷改變。

　　如果在固定不動的地點拍下星星的照片，一小時後在同一地點再拍一張，會發現星星的位置改變了。不過如果二十四小時後再拍一張，星星會「回到」先前的位置。

　　但這其實也只是回到「差不多」的位置，這是因為地球還會以另一種方式移動，除了自轉之外，還會環繞太陽運轉。換句話說，即使每天都在同一時間（例如午夜十二點）拍攝夜空，地球的軌道也會使我們每天看到的夜空都不一樣！

　　不過，經過一段時間之後，我們又會回到原來的位置（這是相對於太陽的位置，但太陽本身也會在太空中移動，所以我們其實距離原來那個點已經有好幾百萬公里，但看到

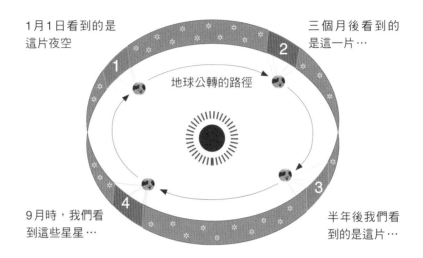

1月1日看到的是
這片夜空

三個月後看到的
是這一片…

地球公轉的路徑

9月時，我們看
到這些星星…

半年後我們看
到的是這片…

的星星大致還是一樣）。這段時間究竟是多長？嗯，大約是
地球環繞太陽一圈的時間，剛好只比最方便的360多幾天。

有什麼理由不把地球環繞軌道分成360等分呢？如果說
360能輕易分成不同等分的特性還不夠，連天體都很合作地
使它成為代表環繞一圈的數。

以一致的方式測量角度，揭開了許多關於世界的神奇奧
祕。舉例來說，古希臘數學家埃拉托西尼（Eratosthenes）透
過關於角的幾個簡單事實，就相當精確地算出地球的周長。

住在亞歷山卓城（Alexandria）的埃拉托西尼收到住在
南邊的賽伊尼城（Syene）的朋友來信。朋友在信中寫道，
在夏至中午時，他向城中一口深井裡面看，可以看到井底有
自己的倒影，而且正好遮住井中的太陽。

埃拉托西尼知道地球是圓的，不過這個說法當時剛出現不久。這個說法的理由其實非常簡單：看看地球投射在月亮上的影子，就會發現它是圓的。從各個角度都會投射出圓形影子的物體一定是球形。不過當時沒有人知道地球究竟有多大。

不過有了埃拉托西尼的朋友這封信幫忙，就能解決這個謎題。他知道，朋友看到的狀況代表太陽在夏至當天正好位於賽伊尼上空。

埃拉托西尼把這點跟另一件事結合在一起。在同一天的同一時間，埃拉托西尼在自己居住的亞歷山卓城發現，立在地上的桿子投下一小截影子，顯示桿子和陽光照射方向間的夾角是7.2度。

我們從這件事獲得靈感的速度或許沒有埃拉托西尼那麼快，我也一樣，所以我來試著模擬他的幾何思考過程，說明他是怎麼想的。

讀者如果有興趣的話，也可以自己試試看。只要有兩支火柴棒，一些隨意貼黏土，一個小燈（手電筒或手機的閃光燈），以及黑暗的房間就行了！

在每支火柴棒上各放一些隨意貼黏土，讓火柴棒立在平面上。然後關上窗簾，打開小燈，把燈放在火柴棒正上方，看能不能看到火柴棒的影子。

　　讀者或許可以看到很短的影子，但如果把燈拿高，距離火柴棒更遠一點，會發現影子幾乎完全看不到了。這是模擬中午太陽在我們正上方的狀況。來自太陽（手電筒）的光直接照射在火柴棒頂端，所以影子非常短。

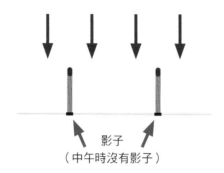

從正上方照下來的光線

影子
（中午時沒有影子）

　　現在把燈放在火柴棒的側邊，觀察影子如何移動。影子會拉長，這個現象我們已經習以為常，但是我們一起思考一下影子為什麼會拉長。想到了嗎？影子拉長是因為光線相對於火柴棒的角度改變了。

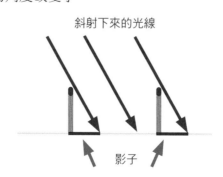

斜射下來的光線

影子

兩支火柴棒形成的影子相同，因為火柴棒指向同一個方向。如果光源距離夠遠，而且火柴棒所在的表面是平的，就一定會這樣。但如果火柴棒所在的表面不是平的呢？

光線

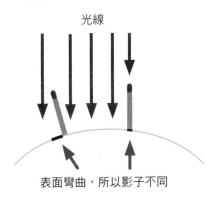

表面彎曲，所以影子不同

我在家用足球來模擬這樣的狀況，讀者們也可以用碗底或其他弧形的東西。火柴棒垂直立在彎曲平面上時，一定會指向不同方向，所以同一個光源照射在兩支火柴棒時，一支火柴棒有影子，另一支沒有。埃拉托西尼想到，他跟朋友碰到的狀況就是這樣。沒有形成影子的火柴棒就是在賽伊尼的朋友（深井指向太陽），另一支火柴棒就是埃拉托西尼在亞歷山卓城看到的桿子，桿子有影子，代表它指的方向略微偏離太陽。

請花一分鐘時間思考足球上的火柴棒。這兩支火柴棒似乎都垂直於自己的站立點，也就是每支火柴棒都指向足球的中心點。同樣地，位於賽伊尼的井和亞歷山卓城的桿子也都

垂直於本身的位置，所以也都指向地球的中心。

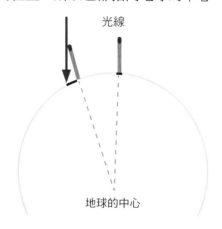

光線

地球的中心

　　不過如果我們從幾何方面思考這個狀況，就能證明這個簡單的事實就是計算地球周長的關鍵。埃拉托西尼測量桿子的影子得到的角度（7.2度）和延伸到地球中心的兩條線的角相同，原因是來自太陽的光線（次頁圖中以AB和CD標示）互相平行，而「平行線中的交錯角相等」。國中時學到的演繹幾何學有沒有帶來什麼靈感了？

　　7.2度正好等於一圈（360度）的1/50。也就是說，如果我們知道亞歷山卓城和賽伊尼之間的距離，只要把這個距離乘以50，就可以得出地球的周長。

　　埃拉托尼西真的知道這個距離，因為這條路是貿易路線，當時的商人曾經仔細丈量過。所以他把這個數字乘以50，得出答案為四萬四千一百公里。他的答案差了大約

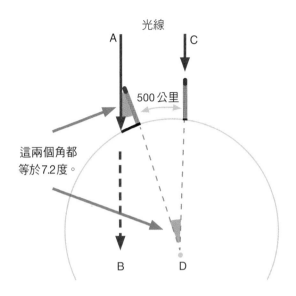

光線

A　　C

500 公里

這兩個角都
等於7.2度。

B　　D

10%，當時是兩千多年前，而且他從來沒有離開書房實際測量過，這樣已經不錯了。

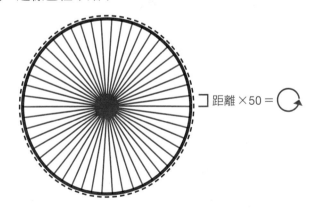

距離×50 ＝

所以距離我們最近的恆星，也就是太陽，可以幫助我們得知地球有多大，全都是因為地球是圓的。這點帶我們繞了

一大圈，重新思考最初的問題：如果太陽等恆星跟地球一樣是圓的，那麼我們為什麼會覺得星星有尖角？

答案既美麗又令人驚訝。

除了太陽之外，天上所有的星星都很小，看起來就像黑暗中的小亮點。因此我們心目中的樣子一定和光射向地球途中的彎曲和繞射有關。位於路徑上的物體使光略微變形，變形方式則取決於物體形狀。所以，垂直線會使通過的光產生條紋圖樣，如同下面的圖片。

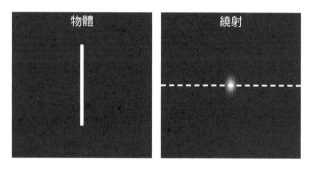

圓會使通過的光產生光暈效應。

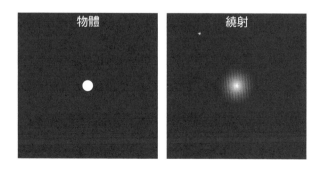

六角形之類的規則多角形則產生我們認為的「星形」。

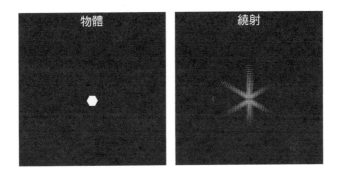

但真正令人驚訝的是：光究竟經過了什麼東西，讓我們在夜空中看到有尖角的星星？答案是星光進入我們的大腦之前一定會通過的東西，也就是眼睛。我們經常忘記我們的眼睛不是人造物品，而是有特定構造的自然器官。眼睛中與這個問題有關的構造是眼科醫師所謂的「縫合線」（suture line），也就是眼睛裡各種纖維接合的地方。肌肉環繞眼球生長，最後和許多血管及其他生物支持結構結合在一起。事實上，這些縫合線就是星形。我們看到的星星是這樣的形狀，正是透過這些星形觀看的結果。

CHAPTER 16

盈虧與完全

前一章談到360這個數有很多因數，所以很適合當成代表一圈的度數。某些數的因數很多、某些數的因數很少，這件事似乎有點難以理解，不過我們在〈解不開的鎖〉這一章曾經看過，這一點在密碼學等某些領域有相當重要和方便的用途。在因數很少的數當中，最極端的狀況是質數，因數就只有1和自己本身。由於整個現代經濟體系都依靠安全地加密和解密資訊來運作，而我們執行這個工作的所有方法都必須用到質數，因此說這個數學領域改變了世界也不為過。

質數對社會有實用價值，所以人類投下許多心力來研究這個數學領域。不過實際考量只是部分原因，就和所有數學領域一樣。

有個比喻或許可以用來說明這個狀況。工具問世之後，人類就開始在地上東挖西挖。這類挖掘行為絕大多數是為了尋找油礦或寶石礦等有實用價值的東西。不過有些洞穴探險家之所以戴著小小的頭燈深入黑暗，只是出於好奇。他們不是要找有用的東西，只是想知道能發現什麼，可能是獨特的地質構造，或是新的動物，也可能只是個漂亮的地方。我最常講的一個例子是墨西哥契瓦瓦州奈卡礦場的水晶洞。它和孩子們夢裡經常出現的情景一模一樣，**只不過是真的。**

同樣地，數學家探索未知領域不只是為了尋找有用的東西（例如破解訊息或預測行星和恆星的運行路徑等），也

是為了想看看會不會出現特別或意想不到的東西。「**數論**」
（number theory）這個數學領域就有許多非常特別和意想不
到的東西。

　　數論研究的對象是自然數，也就是從 1、2、3 到無限大
的所有數。它被稱為自然數的理由相當簡單：我們計算自然
界的事物時是用這些數。我們進行算數運算時，也就是對自
然數進行減法、除法和開平方根等各種運算時，還會出現很
多種不同的數。負數（-1、-2、-3⋯）或分數（1/2、3/4、
5/8⋯）就是這樣來的。不過數論不管這些特殊的數，因為
光是自然數就有很多有趣的東西可以探索了！

回到因數的原始概念，如果從因數來看自然數，我們可以把自然數分成三類：

有些數的因數只有兩個，稱為質數：
2的因數是1和2
3的因數是1和3
5的因數是1和5
7的因數是1和7⋯

有些數的因數超過兩個，稱為合成數（composite）：
4的因數是1、2和4
6的因數是1、2、3和6
8的因數是1、2、4和8
9的因數是1、3和9⋯

另外有一個數不屬於以上兩類，這個數就是1。1只有一個因數，也就是自己。因為這個類別沒有其他成員，所以也沒有名稱。

讀者們或許會覺得讓1自成一類有點奇怪，而且這樣的讀者應該不在少數。知道質數的人經常有這個錯誤觀念，認為1也是質數。這個錯誤想法不完全是誰的錯，因為我們說明質數時，最常見的說法是質數能被1和本身整除，而1當

然也符合這個定義，我自己在這一章開頭也這麼描述質數。不過描述不等於定義，我可以說人類是有心臟的動物，但把人類定義成任何一種有心臟的動物就不對了。質數的定義是必須有兩個因數，不能多也不能少。

　　我們為什麼要這樣定義？為什麼不直接把1定義成質數，這樣感覺上比較直截了當？這牽涉到一個重要概念，下一章〈數的週期表〉會介紹。

　　就目前而言，我想研究的是質數和合成數之間的區別。如果把它們看成完全封閉的兩個類別，那麼我們可以把所有自然數看成這個樣子：

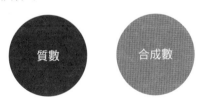

　　換句話說，這兩個類別壁壘分明，一點關係都沒有！不過這一章一開始曾經介紹360這個數，以及它的因數遠遠只兩個，而且當然比鄰近的數多出許多。所以數的類別稍微有點變化，現在比較像這樣：

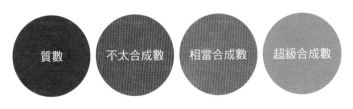

　　也就是說，數不只分成合成數或非合成數，有些數的合成程度特別高，我們可以把「合成性」較高的數和一般的數區分開來。有很多方法可以評定合成性，但我想介紹一種非常簡單的常用方法，只要會加法和除法就會使用。

　　這裡用從1開始的二十個數來說明這個方法。如果讀者有興趣（或是想幫某個親友找點事做），可以自己接下去做。我們想找出每個數的所有因數，也就是找出有哪些數可以整除這個數。以下是前二十個數的結果：

數	因數	數	因數
1	1	11	1, 11
2	1, 2	12	1, 2, 3, 4, 6, 12
3	1, 3	13	1, 13
4	1, 2, 4	14	1, 2, 7, 14
5	1, 5	15	1, 3, 5, 15
6	1, 2, 3, 6	16	1, 2, 4, 8, 16
7	1, 7	17	1, 17
8	1, 2, 4, 8	18	1, 2, 3, 6, 9, 18
9	1, 3, 9	19	1, 19
10	1, 2, 5, 10	20	1, 2, 4, 5, 10, 20

　　這裡可以明顯看出，有些數有很多因數，有些數很少。要把這兩種數區分開來，接下來必須把每個數的因數相加。

數	因數和	數	因數和
1	1	11	12
2	3	12	28
3	4	13	14
4	7	14	24
5	6	15	24
6	12	16	31
7	8	17	18
8	15	18	39
9	13	19	20
10	18	20	42

　　一個數的因數越多，因數和就越大。但是一個數越大，即使因數沒有那麼多，和還是會很大，原因是每個數都能被自己整除。舉例來說，19只有兩個因數，因數和是20，而6有四個因數，但因數和只有12。

　　為了解決這個問題，數學家把一個數的因數和除以這個數本身，從而發明了「盈指數」（abundancy index）。為了看

起來更清楚，可以把指數寫成百分比。我以18當成例子來示範：

18的因數有：1、2、3、6、9、18
因數和＝39
18的盈指數＝39/18
　　　　＝2.16666...
　　　　＝216.6666...%（寫成百分比）
　　　　＝217%（四捨五入成最接近的百分比）

想知道1-20的盈指數，請看下表。

數	指數	數	指數
1	100%	11	109%
2	150%	12	233%
3	133%	13	108%
4	175%	14	171%
5	120%	15	160%
6	200%	16	194%
7	114%	17	106%
8	188%	18	217%
9	144%	19	105%
10	180%	20	210%

我們可以依照「**盈指數**」來排列1-20，從大到小的順序是這樣的：

12、18、20、6、16、8、10、4、14、15、2、9、3、5、7、11、13、17、19、1

這裡有幾個很重要的地方值得留意。首先，請注意排在最前面的幾個數，也就是盈指數較高的數，**全部都是偶數**。事實上除了2之外，這幾個數可以分成兩部分，偶數在上排，奇數在下排。不過除此之外，下排還有個很重要的特點。事實上，我們可以看到所有質數都位於下排，而且正好從小到大排列（除了1之外）。

目前我們一直用「盈指數」來評量一個數。這是因為指數大於200%的數稱為「盈數」（abundant），指數小於200%的數稱為「虧數」（deficient）。在這個分類下，1-20中只有12、18和20這三個數是盈數。6這個數稱為「完全數」（perfect），因為它的指數不大於也不小於200%，而是正好等於200%。因此如果以因數來分類，這些數應該是這樣：

現在我們已經有方法判定某個數的因數是多是少，可以回頭來看看一開始提到的360這個數。它顯然一定是盈數，但究竟盈到什麼程度？我們來研究一下。首先找出360的所有因數再全部相加：

$$1+2+3+4+5+6+8+9+10+12+15+18$$
$$+20+24+30+36+40+45+60+72+90$$
$$+120+180+360 = 1170$$

接著把因數和（1170）除以原本的數（360），得到：

$$1170/360 = 325\%$$

哇！這個指數比1-20大多了。事實上，這個指數比1-1000所有的數都大，所以它當然是1-1000中盈程度最高的數。如果有「超級盈」這個類別，360絕對屬於這一類！

CHAPTER 17

數的週期表

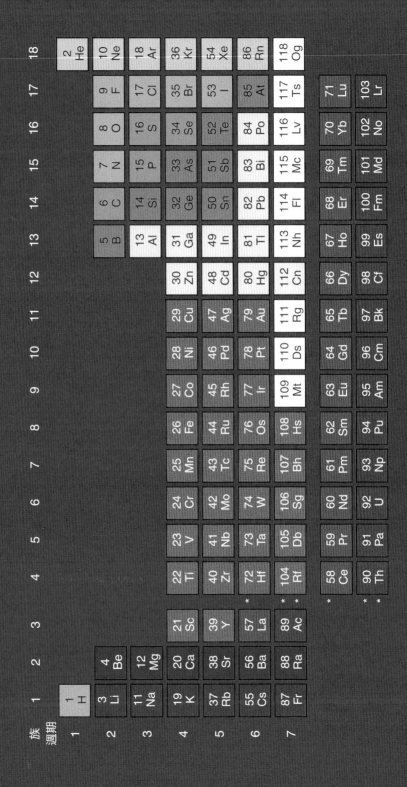

對化學家而言，19世紀是令人興奮又困惑的時代。電池和光譜儀等科學新發明，協助我們以相當快的速度發現一連串新元素。人類的化學知識逐漸增加當然帶來不小的進步感，但同時這些知識似乎增加得雜亂又毫無章法，讓人有種不安感。科學應該是具備條理和單純法則的學問，但化學看來似乎一團混亂。

就在這個時候，迪米特里‧門得列夫（Dmitri Mendeleev）於1834年誕生在西伯利亞的巴克尼‧阿達雅尼村（Verkhnie Aremzyani）。這個村莊距離莫斯科超過兩千公里，一點都不像會誕生科學天才的地方。不過門得列夫靈光一閃，改變了人類對宇宙中所有物質的想法。門得列夫時代的化學家知道的元素大約是六十種，差不多只有現在的一半。然而，至於每種元素為什麼具有我們觀察到的這些性質，就沒有什麼共識了。為什麼有些元素導電效果很好，有些就不行？沒有人說得出符合所有資料又讓人信服的答案。

門得列夫解決了這個問題。閃現在他腦中的靈光是元素可以依照原子量排列，而且元素的性質似乎有某種循環性。門得列夫當時不完全清楚，但現在我們擁有原子核以及其中的帶正電粒子（質子）的相關知識，就能理解門得列夫發現的循環性質。鋰（有三個質子）、鈉（十一個質子）和鉀（十九個質子）的活性都相當高，一接觸到水就可能爆炸。

相反地，氦（兩個質子）、氖（十個質子）和氬（十八個質子）的活性非常低，很少跟其他元素發生作用，所以被稱為「惰性氣體」（noble gas）。從這些例子可以看出，如果每八個質子為一個單位，同組元素具有類似的性質。這個模式接下來變得稍微複雜一點，但主要概念大致相同：**化學性質具有週期性**。原子的質子越來越多，相似的性質會重複出現。

門得列夫把他所知的元素畫成表格，類似的元素放在同一欄。他發現表格裡有些空缺，表示某些元素人類還沒有發現，但他的模型已經預測到了，甚至能夠預測這些元素應該具有哪些化學性質。

我們所知的元素週期表就此誕生。

化學得力於數學的深入觀察。從每種元素的質子、中子和電子數目，到門得列夫透過週期表傳達的元素表現和性質的週期性，數學之眼是理解化學有許多面向的最佳工具。不過我們常常忽略一件事，就是反過來講也同樣成立。數學也經常得力於化學的深入觀察，尤其是觀察元素和質數間的相似處的時候。

我們每天接觸的物質有許多是化合物，而不是元素。元素是碳、氧和氫等，化合物則是水、甲烷和乙醇等，由元素以不同的量和排列方式組成。最有名的水由兩個氫原子和

一個氧原子組成。甲烷由一個碳原子和四個氫原子組成。乙醇，也就是酒精，則由兩個碳原子、一個氧原子和六個氫原子組成。其他化合物經常直接以組成方式命名，例如著名的溫室氣體二氧化碳，顧名思義就是由一個碳原子和兩個氧原子組成。

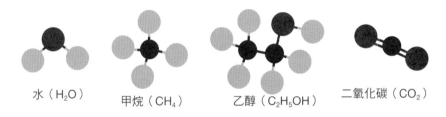

水（H_2O）　　甲烷（CH_4）　　乙醇（C_2H_5OH）　　二氧化碳（CO_2）

就像我們能把元素組合成化合物，
同樣也能把質數組合成合成數。

〈盈虧與完全〉這一章曾經提到，合成數是因數超過兩個的數，但這個解釋方式有點繞圈子。比較簡潔的說法是把合成數想成數的化合物，也就是質數結合後形成的數。

我來解釋一下。這裡我們必須回到前一章提過的「因數分解」概念。以最小的幾個合成數為例，我們可以把每個合成數分解成質數的組合，這種方式稱為「質因數分解」。同樣地，這裡列出1-20進行質因數分解的結果：

數	質因數分解	數	質因數分解
1	1	11	11
2	2	12	$2^2 \times 3$
3	3	13	13
4	2^2	14	2×7
5	5	15	3×5
6	2×3	16	2^4
7	7	17	17
8	2^3	18	2×3^2
9	3^2	19	19
10	2×5	20	$2^2 \times 5$

　　每種化合物都有獨一無二的分子式，說明這種化合物由哪些元素組成。同樣地，合成數的質因數分解結果也是獨一無二的，說明這個數由哪些質數組成。

　　這個概念非常重要，所以有個很響亮的名字，稱為「算術基本定理」（Fundamental Theorem of Arithmetic）。以下是算術基本定理的正式內容：

任何一個大於1而且不是質數的整數，
都能以唯一的質因數的乘積表示。

　　這表示從2開始的所有整數，如果不是質數，都能寫成質數的乘積組合，而且這個組合只有一種。

　　質因數分解的「唯一性」十分重要，而且在某些方面有點出乎意料。說它出乎意料是因為最後一章將會提到，合成數通常能分解成許多種組合。舉例來說，84就可以分解成4×21、6×14或7×12。不過下一頁將會說明，如果繼續分解到完全都是質數，最後的結果一定相同。每個數只有一個質因數分解結果，如同每種化合物都只有一個結構式一樣。

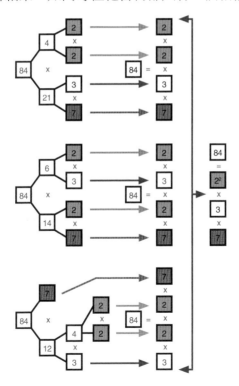

　　有趣的是，這點正是我們不把1定義為質數的主要原因。如果1是質數，算術基本定理就失效了，因為84的質因數分解結果不會只有一個。除了 $2^2 \times 3 \times 7$ 之外，我還能（理所當然地）說 $84 = 1 \times 2^2 \times 3 \times 7$，也可以說 $84 = 1 \times 1 \times 2^2 \times 3 \times 7$ 等。每個數的質因數分解結果將不只一個，而會有無限多個。

　　反過來說同樣成立。在元素週期表上，我們談到某種元素和另一種元素時很容易分辨。最重要的部分是質子的數目。宇宙中有六個質子的原子都是碳。我們可以加入或取出碳原子的電子，形成離子。離子和原子不大一樣，但基本上還是碳。此外也可以加入或取出碳原子的中子，形成同位素，同位素也和原子不大一樣，但基本上仍然是碳。

　　不過如果加入一、兩個質子，狀況就完全不同了。加入一個質子，碳就變成了氮，性質也變得和碳大不相同。如果加入兩個質子，碳就變成氧。加入質子的過程相當困難，只可能發生在溫度和壓力都高到天文數字的恆星中心，也就是核融合發生的必要條件。

　　同樣地，我們把一個數乘以質數時，就能得到全新的合成數。就像碳變成氧一樣，3乘以7會變成21。21是全新的數，性質也完全不同。但如果1是質數，不就變得很奇怪？我們可以把3乘以1許多次，最後一樣還是3。如果不管乘多

少次都不會造成根本上的改變，那就不叫質數了！

　　宇宙中有無限多個數，還好要製造新的數不需要深入恆星中心，只要心裡有個大熔爐可以打造出許多數就好。

CHAPTER 18

陰謀論

　　1970年代初，水門事件席捲美國政治圈，大幅改變民眾對總統的看法。當時的美國總統尼克森涉嫌嚴重違反法律，之後又大舉行動，試圖掩飾整個事件。這次事件對大眾心理造成十分深遠的影響，一部分原因是大眾親眼目睹了這個改變。

　　水門事件的相關新聞剛剛爆發時，大多數人只當成不重要的小事，很快就會像平日報紙上的其他新聞一樣，消失在週而復始的新聞中。調查行動越來越深入，民眾逐漸發現這次事件不會立刻煙消雲散，並且普遍感到水門事件已經變成沒有事實根據的獵巫行動。很少人能忍受自由世界的領袖竟然是罪犯，故意涉及背信行為，濫用行政權，侵害公義。曾經有一段時間，認為尼克森有罪的人被當成怪人、陰謀論者，捏造荒謬的事實。這些說法完全不可信，當然更不可能是真的。

　　一開始是這樣，但後來整個詭計被揭穿，大眾最害怕的事突然成真。透過一連串曲折離奇、足以媲美好萊塢賣座電影的驚人過程，真相慢慢揭露。所有陰謀論者瞬間都被平反。

　　水門事件成為陰謀論時代的分水嶺。在此之前，相信祕密暗號、地下社團和政府掩飾行動的人大多直接被當成瘋子。但水門事件讓每個人不得不承認，即使看似極端難以置

信的理論，有時候也可能是真的。

　　數學本身也有個故事談到陰謀論以及陰謀論在全世界各個角落不斷出現的原因。令人驚訝的是，這個故事能幫助我們了解，陰謀論者永遠不缺乏材料。世界的本質和自己產生的大量資料，讓陰謀論者永遠有材料可以當成行為可疑的「證據」，指稱我們眼前有不為人知的祕密。

　　想要理解這是怎麼回事，可以先思考一個非常簡單、大家小時候幾乎都玩過的遊戲：

找字遊戲

　　我曾經花了不少時間玩找字遊戲。長大之後，我有一本書裡面寫滿了這類謎題（現在我知道這是我媽的計策，轉移我的注意力，讓她有自己的時間）。

　　書裡的謎題可能是下頁圖中的這個樣子。

　　這個找字遊戲裡面包含彩虹的**紅**、**橙**、**黃**、**綠**、**藍**、**靛**、**紫**等七種顏色的英文單字。這些英文單字可能是直排、橫排或斜排。必須留意的是有些字是反過來寫的（由右到左，而不是由左到右）。此外，裡面還有一個我剛才沒提到的顏色，試試看能不能找出來！

　　要自己設計找字遊戲不怎麼困難。我設計這個題目的方法就只是先畫出空的網格，再慢慢填上我想放進去的單字。單字都放進去之後，再在其他空格隨意填上字母。搭啦！找字遊戲就完成了。

　　不過，如果我設計了一個找字遊戲，但刻意跳過第一個

步驟，也就是填上想放進去的單字，這樣會怎麼樣？如果我設計一個完全隨意亂填字母的找字遊戲會是什麼結果？如果用這種方式設計一個3×3的謎面，結果會是這個樣子：

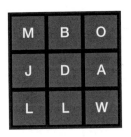

可以想見地，這看起來沒什麼意義。它就是這個樣子，無論怎麼看，裡面都沒有英文單字。不過如果多加一直排和一橫排，看看會怎麼樣：

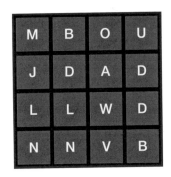

如果從第一列的字母B開始向右下方斜著看，可以清楚的看到bad（壞）這個單字！不只這樣，從第二列左邊數來第二個字母開始。從左向右看，可以看到另一個字：dad

（爸爸）。這些隨意亂填的字母是不是想告訴我，我不是個好
爸爸？

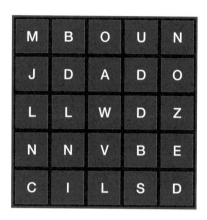

如果把這個網格再擴大一點，變成5×5格，可以看到更
多單字自動出現。除了bad和dad，我還找到了in、do、no、
zed、be、bade和ado。單字會自動增長！

這到底是怎麼回事？我沒有刻意設計，也沒有偷偷把單
字放在裡面。以下是另外兩個以相同方式隨機填寫的謎面，
每個謎面裡面都有很多單字。

O	N	B	Q	A
Y	N	O	P	J
Q	T	U	T	V
E	Y	U	M	S
G	O	L	P	H
X	Y	A	Y	U
R	F	U	V	E
L	V	C	J	R
K	A	B	Q	L
U	R	S	R	G

E	A	O	X	C
L	D	F	A	F
F	P	M	Z	J
E	O	O	D	U
G	X	K	Y	R
L	A	H	R	E
R	O	P	S	D
N	Y	Q	N	B
W	L	F	U	N
K	L	B	W	P

　　我在左邊的謎面裡找到了：pony、ox、log、not、hue、yay和spa。

　　右邊的謎面裡有elf、ox（而且出現三次！）、ex、cam、do、red、fun、gap、oh、lo和no。

　　讀者們也可以在瀏覽器中輸入以下網址，自己「隨機」製作找字遊戲：www.bit.ly/findaword。

　　讀者如果試過這個網址，應該也會發現要設計出完全不包含任何單字的謎面其實很難。這究竟是怎麼回事？

我們碰到的這種現象是「無序」的不可能性。

在一片混沌中，一定會有些地方有秩序，
前提是這片混沌必須夠大。

我們在前面呈現了這個現象：3×3的謎面裡沒有單字，但謎面越變越大，就越來越難避免出現單字。

數學中探討這類狀況的領域稱為**拉姆齊理論**（Ramsey Theory），以英國數學家和經濟學家法蘭克‧P‧拉姆齊（Frank P. Ramsey）命名。接觸過這類數學的人不多，原因是它屬於圖論（graph theory）這個領域，而這個領域在澳洲（譯註：本書作者是澳洲人）不在義務教育的數學科範圍內。

如果把學校裡的數學課比做雪梨的城市旅遊，代數就是雪梨歌劇院，每個人一定都會看到。相反地，圖論就像當地的便利商店，不是什麼熱門景點，只有一小群人知道。而且正和便利商店一樣，這些人之所以知道它，也是因為它能幫助他們解決每天都會碰到的問題。

拉姆齊理論最能表現的地方是所謂的**「派對問題」**。辦過派對的人都知道，決定要邀請哪些人非常麻煩。當然，我們想邀請的都是我們的朋友，但這些人彼此之間是不是朋友

呢？圖論是研究「關係」的數學，能協助我們了解事物間透過某種連結的關係。這類連結可能是住宅區之間的鐵道，或是通往家家戶戶的供電線路，或是人與人間的朋友關係。

舉例來說，假設你希望派對裡至少有三個人彼此認識或彼此不認識。無論是哪種狀況，派對都會相當有趣。如果賓客全都彼此認識，當然有很多話好聊。如果全都是第一次見面，也能在派對上認識新朋友，保證會很開心！

圖論協助我們理解和解決這個問題的第一個途徑是提供方法，讓我們描述狀況。生活中有些問題難以解決，是因為這些問題連理解都不容易。但是如果能用簡單的圖形描述問題細節，就成功了一半。

下面兩個圓代表派對裡的兩位賓客。兩個圓之間是實線表示彼此認識，虛線表示彼此不認識。

我們運用這些工具，就可以畫圖描述賓客彼此認識或不認識的各種派對。如果我們請來五位賓客參加派對，那麼一位賓客（這裡稱為 A）和其他賓客間就有十二種基本關係組合，如圖所示。這十二種狀況中各有三位的關係以紅色線段標出，表示他們是共同朋友或全都不認識。

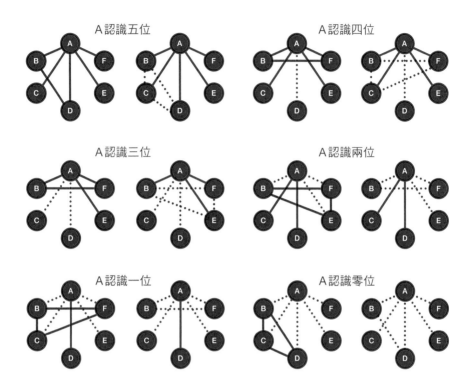

　　由於其中一定可以找出三個人彼此認識或彼此不認識，表示如果我們邀請六位以上的賓客，就一定可以找出這樣的三個人。讀者如果有興趣知道如何畫出這些圖以及證明六個人是符合條件的最小人數，可以先跳到〈六人成團〉這一章。

　　這和找字遊戲或陰謀論者究竟有什麼關係？嗯，拉姆齊理論指出，組合結構（可能是一群朋友、找字遊戲的謎面，甚至報紙上的文章）擴大時，特定的結構或「型態」就一定

會出現。因此當找字遊戲的謎面超過一定大小之後，單字就會憑空出現。

　　因此，這也就是許多陰謀論出現的原因。如果刻意尋找某種型態，資料量又夠大，就一定能從中找到可疑的東西。

　　有一群經常尋找數字型態的人被稱為「靈數專家」（numerologist），他們專精於以某些數解釋宇宙的意義和價值。2017年，歌手Jay-Z發行專輯《4點44分》（4:44），主打歌名顯然是這位創作型歌手早上醒來寫下這首歌的時間。靈數專家藉此大做文章。

　　一位靈數專家說這首歌和Jay-Z的個人生平有很深的關係：「他（太太）的生日是4日，媽媽的生日是4日，結婚紀念日也是4日。」這當然是很令人驚奇的型態，但拉姆齊理論指出，全球共有七十億人，這類看似反常的巧合一定會發生。（畢竟一年裡共有十二個4日，所以目前在世的人當中至少有兩億三千萬人出生在4日，而且其中可能有不少人結婚！）

　　拉姆齊理論和「一片混沌中（只要這片混沌夠大）一定會出現特定結構」的這個結論，在日常生活中經常出現在意想不到的地方。舉例來說，蘋果公司發表iPod的時候，就出現了一個令人驚奇的自發性結構。當時攜帶式音樂播放器已經問世多年，但iPod出現之後，能夠隨身攜帶所有音樂收藏

的愛樂人士大幅增加。以前出門時只能帶著CD唱盤裡的一張專輯，現在可以隨意帶上幾百首、甚至幾千首歌出門。

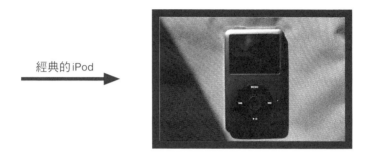

經典的iPod

有了這個新能力之後，突然有人開始仔細研究iPod的「隨機播放」功能。這個功能是隨機選擇裝在iPod裡的歌曲來播放，而且就只是這樣。不過世界各地的使用者開始發表一些奇怪現象。有人說：「我的iPod怪怪的。我有好幾十個歌手的音樂，但它有時候會連續播放同一個樂團的四、五首歌！」很多人覺得自己的機器壞了，沒有依照指令「隨機播放」歌曲。

有人說自己的機器好像有自己的個性，非常偏愛某幾個藝人。「我為什麼好像都沒聽到瑪丹娜的歌？我的iPod好像特別喜歡幽浮一族！」

如果懂拉姆齊理論，就知道這些其實都是正常現象。如果連續隨機播放歌曲好幾百個小時，到某個時候一定會連續播放好幾首某個藝人的歌。聽得越久，這種現象越容易發

生,就像找字遊戲謎面越大,就越容易出現單字一樣。

奇特的是,我們覺得隨機分布中出現特定型態的原因大多是人類對隨機性的感受能力相當差。舉例來說,假設拋擲硬幣產生的正反面結果如下(H代表正面,T代表反面):

1	H	11	T	21	H
2	H	12	T	22	H
3	H	13	H	23	T
4	T	14	H	24	H
5	H	15	H	25	T
6	T	16	H	26	T
7	H	17	T	27	T
8	H	18	T	28	T
9	T	19	H	29	H
10	H	20	T	30	H

跟以下的結果比較:

1	T	11	H	21	H
2	H	12	T	22	H
3	H	13	H	23	H
4	T	14	T	24	T
5	H	15	T	25	H
6	T	16	H	26	T
7	T	17	T	27	T
8	T	18	H	28	H
9	H	19	H	29	T
10	H	20	T	30	H

爆雷提醒：這兩個表中有一個其實不是實際拋擲硬幣的結果，而是人類假造的。讀者們看得出哪個是假造的嗎？

數學分辨得出來，拋硬幣從可能性和機率的角度看來很容易理解，所以我們能預測各種拋擲結果序列（例如一次正面後接著一次反面，或是連續三次反面等）出現的可能性。第一個表是實際拋擲的結果，第二個表則是假造的。第二個表露出馬腳的地方是表中多次連續相同結果很少。人類通常覺得連續四次反面或四次正面很奇怪，但如果拋擲硬幣的次數夠多（如同第一個表所示），幾乎一定會出現這類狀況。

英國感應和幻術專家戴倫・布朗（Derren Brown）曾經在節目中運用這種現象，在攝影機前連續拋出十次正面，製造出很棒的效果。在這個電腦特效當道的時代，大多數人會認為這一定是做出來的效果，但這次表演沒有剪接，也沒有用到攝影機角度的借位手法，他真的連續拋出十次正面。不過為了達成這個結果，他花了超過九個小時不停拋擲硬幣，最後才拍成！這聽起來或許很辛苦，但花費這麼長的時間基本上一定可以成功。舉例來說，請看下一頁拋擲硬幣2025次的結果，其中連續出現正面的次數不是十次、而是十五次！

這個數學事實可能有更重要的意義。提到機率時，人類直覺上總是認為，同一事件不大可能連續出現多次。如果這樣的直覺在賭場裡沒有應驗，後果可能相當慘痛。賭鬼經

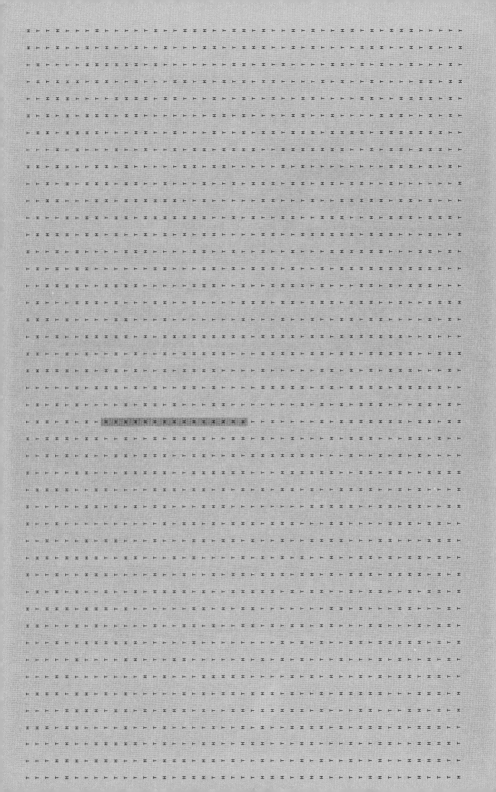

常說他們覺得自己連續輸了這麼多把,最後一定會贏一次。這個想法既錯誤又悲劇,所以稱為「賭徒謬誤」(gambler's fallacy)。有這個錯誤想法的賭徒最後幾乎都會輸光光,因為這個直覺完全錯誤。

拉姆齊理論的這個部分和人類心理結合之後,狀況變得更加微妙。眾所周知的「安慰劑效應」是指服用或接受不具生物效用的藥物或治療之後,健康狀況仍然改善了。許多文獻記載,新藥物進行臨床試驗時,除了實驗組和對照組之外,還必須有安慰劑組。對照組不服用藥物,實驗組服用進行試驗的藥物,安慰劑組則服用不含有效成分的糖衣錠,但以為自己服用的是藥物。

毫無例外地,安慰劑組一定有某些成員表示服用藥物之後狀況轉好,但其實他們並沒有服用這種藥物。對其中某些人而言,狀況改善是因為他們相信自己服用了藥物。人體怎麼可能因為假造的藥物而好轉呢?

這就是模式的力量。現代人從小就把藥物和健康聯想在一起。在心理學上,這稱為「古典制約」(classical conditioning)現象。制約可產生真實生物效果,最著名的實際演示出自俄國心理學家伊凡‧帕夫洛夫(Ivan Pavlov)。在這次著名的實驗中,帕夫洛夫餵飼料給狗之前一定會先搖鈴。這個模式建立起來之後,即使只搖鈴(而沒有餵食),

狗仍然會因為期待吃到食物而分泌唾液。以統計學術語說來，我們可以說帕夫洛夫提供小狗資料，指出食物和鈴聲之間有某種關聯。

　　接著把這個概念和拉姆齊理論結合起來。假設我們開始銷售沒有藥效的糖衣錠，但把它標示成感冒藥。民眾開始在生病時購買這款新產品，覺得似乎有點意思，值得嘗試看看。依據拉姆齊理論，我們預測得到，只要購買和服用的民眾人數夠多，就會有一些人碰巧在服用之後症狀減輕或是好得比較快。這些消費者可能就會不知不覺地陷入制約，在服用沒有實際效果的安慰劑之後真的好轉了！

　　我們懂得如何觀察之後，就會發現這類混沌中的秩序處處皆是。天空就是非常棒的大數據庫，讓我們發現各種奇特的圖案。白天確實如此，空中有時會出現海裡才有的魚：

　　但晚上更是如此，星星提供更多的機會，讓我們發現許多有趣的形狀和故事，世世代代流傳下來。

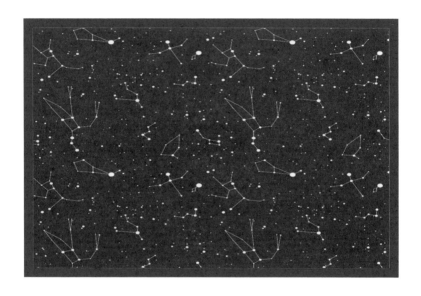

CHAPTER 19

到底什麼是「證明」?

前一章提到圖論的概念，同時簡單介紹了派對問題。我曾經說到，如果希望派對裡至少有三位賓客互相認識或互相不認識，至少必須邀請六位賓客。但我們怎麼知道這樣真的沒錯？我們怎麼證明五位不夠、七位又太多？

這是個好機會來研究一個非常重要的數學概念：證明（proof）。

「證明」是提出理由或證據，說明一件事是否為真。

懂得提出證明的當然不只是數學家，但「證明」這個詞在不同的語境下會有很不同的意思。

舉例來說，我們來看看「科學證明」這個概念。它是啟蒙時代以來人類進步的基石，如果沒有它，我們可能還生活在黑暗時代。科學方法的基礎是「實驗」和「可重現的觀察結果」。如果某個現象可在已知條件下穩定呈現，其他人也能再現，大多數人都會同意，這是受檢驗的假設的一個科學證明。

然而，生活中有許多事物不能套用這個方式。歷史就是最簡單的例子。就本質上而言，歷史無法重複。那麼我們該如何「證明」過去曾經發生某件事？由於不可能做實驗，所以歷史學家和考古學家擬定明確的證據等級制度，用來驗證某個歷史概念是否為真。我們研究印刷資料、目擊證詞、獨

立資料管道以及有形文物，試圖提出最正確的理論，以令人信服的方式解釋所有證據。

然而，科學方法和歷史方法都有一些重要缺點。這些缺點是科學和歷史知識本質的一部分，因此無法避免，但確實存在。

這兩個領域的缺點可以用一句話總結：缺乏全面性的知識。談到科學，我們的探索能力經常受限於儀器。就像試圖透過小小的鑰匙孔看世界，看不見世界的全貌，看到的永遠是不完整的片段。新科技的問世，讓我們可以更清楚地觀察世界，可以重新設計實驗，充分運用這些工具，而且經常發現新事實，顛覆過去的想法。更強大的科技擴大了鑰匙孔，有時候根本直接炸掉整扇門。

這不是壞事，這就是科學發展的方式！有個很好的例子是我們對原子的了解隨時間而進步。原子（atom）這個詞原本是「不可分割」的意思，科學家當初取這個名字的原因是原子非常小，大家都覺得不可能再分割得更小。但物理學家J. J. 湯姆森（J. J. Thomson）提出一種方法，測量出現在所知的「電子」的質量，因此我們不得不依據新知識修改以往的模型。湯姆

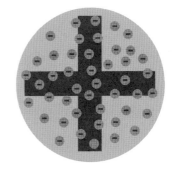

森提出電子在原子裡的分布狀況是上頁右下圖的樣子。

　　他想像帶負電的電子均勻分布在電子內，就像甜點裡的水果一樣。他的理論現在被暱稱為「梅子布丁模型」（plum pudding model）。但後來狀況再度改變，恩尼斯・拉塞福（Ernest Rutherford）做了一項實驗，證明原子中央有一團十分緊密的核心物質，電子在周圍環繞核心運動。拉塞福把這個核心命名為「原子核」。這件事產生了兩個結果：拉塞福成為核子物理學之父，同時催生出十分特別的圖形，後來更成為科學的代表：

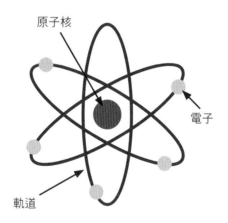

原子核

電子

軌道

　　不過更精良的器材將會再度改變這個模型。我們藉助更強大的儀器，更深入地探索原子，現在物理學家說電子位於一片「雲」裡，在形狀很有趣的區域裡跑來跑去，這些區域稱為軌域（orbital），依電子具有多少能量而定：

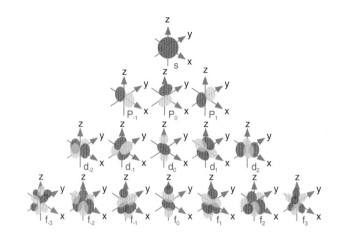

　　隨著科學不斷進步，我們必須不斷修訂以往已經被「證實」的模型。現在我們藉助更先進的科技，更了解實際狀況。

　　歷史學家也面臨相同的問題，但原因不大相同。我們對過往的了解同樣不夠完整，因為過往通常埋在地下，或是缺乏目擊者記述或記述滅失而難以得知。不過，我們有時也會因為新發現而必須修改原本以為的事實。有個很好的例子是1870年的特洛伊城發掘工作。我們原本以為特洛伊城是荷馬作品中虛構的地點，但土耳其這個地區的考古研究結果指出特洛伊城並非虛構，而是真有其地。

　　在這兩個例子中，都可以看出「證明」這個概念的彈性相當大。從某方面而言，我們可以說證明提出了「就目前

而言最正確的概念」。這個說法或許不夠全面，但證據當然比迷信好得多，我們人類運用證據，達成許多令人驚奇的目標。

不過數學證明遠比科學證明和歷史證明深入得多。科學依靠實驗、歷史依靠來源，數學則有另一個工具：邏輯。邏輯讓數學在某些重要方面與眾不同。首先，這代表任何人都能提出數學證明。近年來，科學進展往往已經成為大型團隊和擁有昂貴儀器的實驗室的專利，不是人人都有機會獲得這些資源。但另一方面，數學證明則只要願意花心思就能完成，通常只需要幾張紙跟一支筆。

第二，數學證明是永久性的。更精密正確的實驗不斷問世，科學理論也隨時間而改變，但數學事實不受時間影響。所以我們在學校裡聽到的古人，例如畢達哥拉斯和歐幾里得等，全部都是數學家，因為他們提出的定理當時是正確的、現在也是正確的。我們在數學上證明某件事成立，它就永遠都成立。

第三，數學證明有普遍性，意思是數學證明在各種狀況下都成立，因為邏輯能協助我們理解某件事不只在某個狀況下成立，而是在符合類似描述的所有狀況下都成立。舉例來說，畢氏定理指出直角三角形三邊之間的關係。這個關係不只在我們做實驗的直角三角形上成立，而是在所有直角三角

形上都成立。

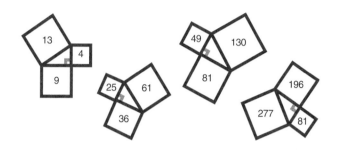

　　我們思考派對問題時，這點非常重要，因為派對可能有無限多種。如果說有個方法可以確定派對必須剛好有六個人，才能確保其中有三個人彼此認識或不認識，感覺上好像有點勉強，因為全世界有那麼多人口，可能構成的派對數目一定多到無法想像。

　　但數學邏輯最具威力的地方就在這裡。請讀者們在下一章中跟我一起推論，看能不能理解數學證明的進行過程。

CHAPTER 20

六人成眾

起立！

每個人都在竊竊私語，討論著誰應該有罪，但法警的口令劃破了對話，大家瞬間安靜下來。你試著觀察旁聽席中其他人的表情，但他們都看著別的地方，想看出被告會從哪個門走進法庭。

你站起來的時候，整個空間開始瀰漫新成員的氣息。法官和陪審團各就各位，你看到一位緊張的律師在靠近前方的桌上整理筆記。但你想看被告時，發現有件事不大尋常。被告不只一個，而是有一整排，每個被告都有一個律師，沿著法庭邊緣一路排到門外。每個律師都穿著鮮豔的橙色襯衫，背上寫著粗大的黑色號碼。

法官對庭上所有人說：「我們今天來到這裡，目的是揭開這個案件的真相，是查明你們當中哪一個人有罪：哪個人是確保派對中至少有三個人互相認識或不認識所需的最少人數。」他專注地看著這一排人。

接著他繼續說：「各位陪審員，你們的責任是依照證據做出判決。這次的被告相當多，基本上是所有的整數！讓派對中有三個人互相認識或不認識的整數中，最小的是哪一個？」

排排站的被告緊張地看著彼此。你最先注意到的是他們其實是依照順序站的。背上寫著1的報告站在第一個，最靠

近法官，後面是2、3、4和接下來的數字。你看向窗外，發現被告一路排到街上，隊伍長到看不見盡頭。

　　一位律師走上前來，向法官說：「庭上，我今天代表我的當事人1和2。如果院方同意的話，我希望能立刻排除這兩位有罪的可能性。」

　　法官點點頭說：「請繼續。」律師清了清喉嚨說：「庭上，如果今天這個案子是派對中至少有三個人彼此認識或不認識，那麼派對中當然至少必須有三個人。我這兩位當事人都不符合這個前提，所以我希望立即宣告他們無罪。」

　　你聽到陪審團發出低沉的同意聲。

　　法官也贊成：「很好。1和2，明確的數學邏輯已經證明你們無罪。你們現在可以離開。」最前面的兩位被告立刻互相擁抱，跟律師一起走出法庭。

　　接著站出來的是你先前看到在整理筆記的律師。他看起來很年輕，似乎經驗不是很多，但他眼裡有股堅定的神色，感覺相當認真。你暗暗想著：「這一定是檢察官了。」

　　他說：「庭上，我們不會因為這個發展而放棄，因為嫌犯還有很多個。」而且完全沒有看筆記。接著他把眼光移向下一個被告，說：「請看證明3有罪的物證A。」

　　法警拿出一塊很大的紙板，放在法庭前面的立架上。

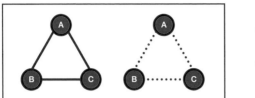

認識

不認識

檢察官接著說：「各位可以看到，這兩個例子說明3顯然有能力犯罪。她有犯罪動機也有犯罪途徑，還需要其他證據嗎？」你看到3在位子上不安地動著。

3的律師說：「反對！這完全是起訴中的臆測。一個人有可能舉起槍不代表殺了人。我的當事人有能力舉辦包含三個互相認識或不認識的人的派對，不代表她犯了罪。庭上，我們不能說這可以證明我的當事人有罪。」他轉向檢察官說：「這項起訴純屬臆測。」

法官緩緩搓著臉頰，說：「反對有效。檢察官，你得再加強，證據要再明確一點才能證明有罪。」不過檢察官還來不及反應，3的律師就開口說話了。

「庭上如果准許的話，我有證據可以證明我的當事人是無辜的。請准許我提示物證B。」

法警拿出另一塊紙板放在立架上：

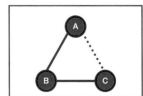

辯方律師停了一下，給陪審團時間消化這張圖。他說：「庭上，這項起訴並未確實了解這個罪名，尤其沒有注意到其中有『確保』這個詞。」

3的律師接著說：「我的當事人是無罪的，因為三個人的派對不能『確保』其中有三個人互相認識或不認識。現在各位看到的例子不符合這個敘述，因為派對裡沒有三個人彼此認識或不認識。因此起訴中所謂的確保不成立，庭上。」

法官透過眼鏡看著檢察官說：「檢察官，這顯然不符合你的說法。」檢察官看起來有點窘。法官繼續說：「被告當庭釋放。」

你看著3的律師帶著他的當事人離開法庭。另一位律師上前站到他的位置，她旁邊的被告不只一個，而是兩個。

她說：「我代表4和5兩位。如果院方同意，我希望請法警立刻展示物證C，以免起訴繼續浪費法庭時間。」

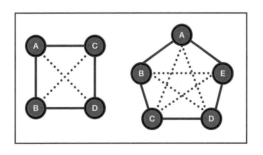

物證C放在立架上時，律師繼續說：「各位陪審員可以

看出，我的當事人同樣是無辜的，這兩張圖片是沒有三個人互相認識或不認識的明確反例。我們和3一樣反對這項起訴，請各位立刻宣布釋放這兩位被告！」

法官點著頭，看向檢察官說：「檢察官，狀況看來對你不大有利。你有合理的理由起訴這兩位被告嗎？」

你不禁對檢察官興起一絲同情。他剛走進法庭時頭髮非常整齊，現在已經凌亂不堪，被打得毫無招架之力。他桌上擺著一堆紙張和筆記，找不出證據可以反駁，只能接連讓好幾個辯護律師得意洋洋地帶著當事人走進再走出法庭。

不過法官話音甫落，你就瞥到有人站了出來。最新的被告6慢慢走到法庭前方。6看來跟今天早上受審的其他被告很不一樣。他的雙頰泛紅，豆大的汗珠從額頭滾落。他不安地坐在辯護律師旁邊，律師的公事包裝滿紙張，快要爆了開來，紙上滿是手繪圖畫。

檢察官在位子上坐直身體。檢察官注意到這位被告看來十分緊張，你發現他眼中閃過一絲希望。他開始整理桌子，拿出幾張關鍵文件，在上面寫下簡短的筆記，再把其他文件整齊地疊好。他停頓了一下，看著桌上已經整理好的案件。他深吸一口氣，開始對法官發言。

檢察官說：「庭上，我知道以我今天的紀錄而言似乎不大可能，但我相信我握有十足的證據，可以證明這位被告有

罪。」他繼續講，但這次兩眼直視著6：「我研究過所有可能性，想向陪審團展示我的論證。」

法官點頭說：「請繼續。」

法警把物證D放在立架上時，檢察官說：「我知道這個法庭對證據的要求很高，所以為了確保我能百分之百地證明這一點，我想請各位仔細思考這個狀況下的每一種關係，而不是整體。這裡需要注意的是，派對中有六個人時，每個人與其他人的關係都不一樣，出席的每個人之間共有十五段關係。」

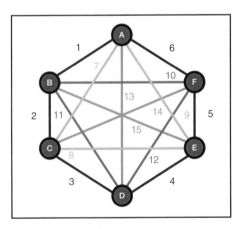

每個人可能認識或不認識其他人，表示在這十五段關係中，每段關係都有兩種可能，也就是認識和不認識。這又表示以被告6而言，這些人彼此認識或不認識的共有215種組合。我相信法庭不想也沒有意願聽我一個個說明這32768種

可能結果，證明被告有罪吧？」

　　陪審團的表情已經傳達了明確的答案。他們只想跟被告一樣快快離開法庭。

　　檢察官說：「不過我認為不需要檢視每種組合中的每個關係來呈現所需的證據。事實上，我們只需要留意派對中的某幾個關係就好。」

　　法警放置物證E時，檢察官轉身直接對陪審團發言：「我們先看派對中的某個人，姑且稱之為A。派對中另外有五個人，A可能認識或不認識這幾位。因此，A認識的最大人數是5，最小人數是0。」

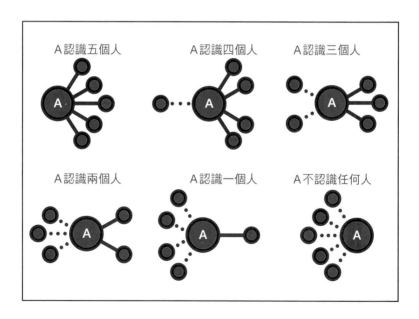

　　檢察官繼續說：「庭上和各位陪審員請留意，無論是哪種狀況，A與其他人的關係最少和三個人相同。所以A至少認識三個人，或是至少不認識三個人，完全沒有例外。」

　　法官緩緩點頭說：「檢察官，到這裡我們都能理解，但這沒辦法證明6有罪。」

　　檢察官繼續說：「是的，庭上。但我們現在來看A認識或不認識的這三位。兩種狀況在這裡都一樣，因為接下來的邏輯是相同的。假設A認識這三位，稱為B、C、D。」

　　另一項物證已經放在立架上供陪審團參考。

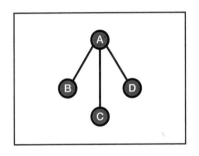

　　「我認為，如果6依然堅稱無辜，那麼C一定不認識B或D。」

　　法官問道：「為什麼？」

　　檢察官大氣也不喘一口：「如果C認識B，則A、B、C彼此認識。同樣地，如果C認識D，則A、C、D彼此認識。三個人彼此認識，這正可以證明6有罪，庭上。」

你注意到6在位子上不安地扭動身體。

法官說：「請繼續。」

法警拿出另一項物證。

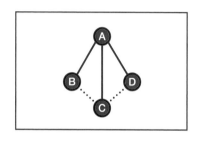

「如果C不認識B和D，則只有一個關係需要弄清楚，也就是B和D的關係。這是最後的關鍵。不過庭上，無論這個關係是什麼，不管認識或不認識，6都同樣有罪。」

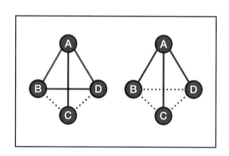

法官動了動眉毛說：「你怎麼能確定？」

檢察官指示法警展示最後一項物證，微笑著說：「庭上，如果B認識D，則A、B、D彼此認識。如果B不認識D，則B、C、D彼此不認識。無論是哪種狀況，都確保有三

個人彼此認識或不認識。因此庭上，6有罪！」

　　辯護律師看來垂頭喪氣，連反對都無力提出。在此同時，你已經被檢察官的論證吸引，忘了注意陪審團的狀況。他們互相點著頭，看來不需要多加考慮，就可以宣布決定。眼前的證據已經說服了他們：6就是他們要找的數字。

　　法官也感覺到這一點，並在法庭裡竊竊私語聲越來越大時敲著法鎚喊：「**遵守秩序**！依據檢察官提示的物證，本庭判6有罪：6就是確保派對中有三個人彼此認識或不認識所需的最小人數，其他被告當庭釋放！」

CHAPTER 21

我的騙子手機

多年以來，我一直覺得我的手機裡有個人在跟我作對。它有特殊能力，用看來十分可信的謊言讓我碰上麻煩。好幾次它用咄咄逼人的口氣對我說：「沒問題，我的電池裡還有很多電！」但幾分鐘後就在緊要關頭掛掉，比如說我在兒子的生日派對上擔任重要攝影師的時候。

「你是說，你沒拍到他吹蠟燭的照片？」

「可是手機當時真的說還有20%的電！」

有時候又剛好相反。我的手機顯示電量只剩2%，結果撐了好幾小時。這怎麼搞的？它是因為前幾次讓我失望，所以想補償嗎？

手機右上角電池圖示旁邊的百分比數字是用相當繁複的數學式算出來的。但儘管如此，它有時還是錯得相當離譜。想要了解原因，我們必須思考一下電量究竟是什麼，以及電量如何測定。

電池能依據容量儲存電力。我們描述電池時經常不自覺地採用一個物理學隱喻：我們把電池當成水罐，容量隨大小而定。我們說電池有「容量」時，就是把它當成儲存電力的罐子。

但是如果我們知道電池不像水罐，沒辦法用刻度來標示存量，這個隱喻就不成立了。電池像個不透明的桶子，看不到內部。看不到的物質要怎麼測量存量？這時我們會用數學

界最強大的工具：微積分。

　　光是「微積分」這幾個字就讓好多學生和大人打從心底發抖。它讓我們想到許多正常人難以理解又神祕的概念和定律 —— 有時候還真的是這樣。我第一次聽到微積分這個詞是《丁丁歷險記》漫畫裡的瘋狂科學家韋基芬教授（Professor Cuthbert Calculus）。這位教授無論是外型或性格都具有微積分的常見特徵：怪異、荒謬、超出一般人能理解。

小註解：數學概念可以說是宇宙本身的一部分，所以通常會被古往今來、世界各地的許多人一再發現。微積分的「發明」是個爭議很大的話題。17世紀數學家戈特弗里德·萊布尼茲（Gottfried Leibniz）和艾薩克·牛頓（Isaac Newton）針對究竟誰先提出微積分爭論得相當激烈。即使過了這麼久，發明者是誰依然沒有定論。

　　但是發明微積分的目的是幫助我們了解一個非常簡單的問題：**量如何變化？** 如果兩個不斷變化的量之間有某種關係，例如汽車行進距離和移動這個距離所需的時間，那麼這兩者變化的比率是多少？舉例來說，一輛汽車每小時（時間）行進多少公里（距離）？

這類問題往往不用刻意思考就能很快想到直接答案，例如「每小時六十公里」。但如果花點時間從比較抽象的層面思考比率的概念（例如距離和時間的比率就非常重要，所以特別稱為「速度」），或許有助於了解數學界最常受到誤解的一些語詞。許多人聽過甚至死記這些單字和符號，但完全不理解這些東西真正的意義。

首先，它有助於理解許多和數學運算對應的日常用語。**「和」**通常代表**「加」**（例如「可以拿給我五支湯匙和三支叉子嗎？」，這樣我就會拿給你 3 ＋ 5 ＝八支餐具）。**「次」**代表**「累加」**（「我今天晚上投進了七次三分球」代表總共得了 3 × 7 ＝ 21 分，很棒喔！）。另外還有個比較少人想到的詞，**「每」**通常代表**「除」**（「飲料一組 12 元，每組有四罐」代表每罐飲料是 12 ÷ 4 ＝ 3 元）。

因此，「每小時幾公里」是「公里除以小時」的另一種說法，也就是「距離變化除以時間變化」。數學家經常比較各種量的變化，所以把它縮寫成 d（也就是希臘字母 delta，數學和科學中經常用它來代表變化）。所以 d(距離)其實就是「距離變化」的縮寫。

數學家什麼東西都喜歡縮寫（因為數學家總是想把事情做得更有效率），所以又把時間和距離這些量縮寫成一個字母，稱為「代數記號」（pronumeral）。世界各地的學生（和

大人）經常很害怕代數記號，主要原因是我們一直不懂它們是什麼。簡單說來，代數記號就跟代名詞一樣：

- 代名詞是代替某個名詞的單字（例如他、她、它）。
- 代數記號是代替某個數的符號（例如x、y、a、∅）。

　　數學裡最常見的代數記號是x和y，所以如果我們用x代替時間、y代替距離，那麼就可以把d(距離)／d(時間)再縮寫成dy/dx。這四個字母就像微積分的「媽咪媽咪轟」一樣。世界各地千千萬萬的學生每天不停地寫這幾個字母，但完全不知道它們真正的意義。它們不是什麼神奇咒語，只是代表兩樣東西相對變化的縮寫。

　　回頭談電池之前再講最後一點。我們比較兩個變化量時，通常喜歡畫成圖來比較。這類圖可以用來比較各種事物，例如天氣圖可以對照當天最高氣溫和日期。另外我們也可以畫一張圖，呈現公司每年的總營收。我太太生下老大時，醫院給我們一本小冊子，裡面有張「成長圖」，對照小孩的年齡和各個發育階段的可能身高和體重。

　　我們畫這類圖表時，通常會把橫軸標示成x，縱軸標示成y。這代表當我們想到「y的變化」時，會去看垂直方向改變多少，這是描述它「上升」（也就是線條向上走多遠）的

好方法。另一方面，我們想到「x 的變化」時，則會看水平方向改變多少。一般人通常稱為「移動」（也就是線條向右走多遠）。因此，許多人認為先前提到的 dy/dx 是「上升對移動」。

我們提到許多種方法來描述同一個概念（就是某個事物如何隨時間改變）。方法很多的原因是變化率隨處都有，我們也很有興趣研究這些變化率。以下是我們剛剛介紹的語言路徑圖：

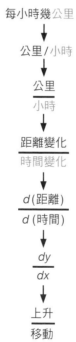

這些就是微積分這部重要數學機器裡的所有零件。

這跟手機電池有什麼關係？

我們起先的問題是找出方法來測定一個看不到的量：也就是電池裡的電量。如果把電池當成水罐，而且我們看不見它的內部。那麼要怎樣知道裡面有多少水？

有個隱喻或許可以幫忙。我記得小時候參加過外宿營隊，住在小屋裡。每間小屋住十～十二個學生。小屋裡設備相當簡單，我們必須輪流洗澡。每天晚上，一天的活動結束後，大家都爭先恐後地往浴室衝。友誼和忠誠在洗澡時間完全被拋在腦後，大家只想趕緊衝進浴室，等著進淋浴間。

為什麼呢？因為營地的熱水是從大水槽供應給每間小屋的浴室，所以供應量有限。熱水水量降低時，蓮蓬頭的水壓和溫度也會跟著降低。腳步比較快（或是帶隊老師允許早點去洗澡）的同學可以洗到爽快的熱水澡，晚到的同學就只能洗到細水長流的冷水澡。營隊讓我們學到手腳要快，不然就要耐力驚人（尤其是冬天的時候）！

電池有點像營地的水槽，越滿就流得越快。以水槽而言是熱水，以電池而言是電流。所以即使我們沒辦法直接看到電池裡還有多少電，還是可以測量電池供應電力的速率，大

致知道還有多少電。現在它已經變成變化率問題，最適合用微積分來處理。

手機廠商對電池做過很多測試，所以能預測出不同電流速率的對應電量。廠商生產手機時做過校正，讓手機能識別電流，並依據電流速率顯示電量。那麼究竟問題在哪裡？如果要知道還剩下多少電這麼容易，手機為什麼會常常弄錯？

影響電量顯示的因素很多。首先，電池在各種狀況下的運作效率都不一樣。溫度非常高或非常低時，電池無法長時間保留電量，所以在適當運作溫度範圍之外時，電池使用時間會比較短。不只如此，而且電池的放電率也會變得不容易預測。如果有很多人在洗時，水槽裡的水會消耗得比較快。同樣地，手機的各種功能（例如手機上網）或程式（例如影片剪輯軟體）需要更大的運算能力，電池也會消耗得更快。最後，電池儲存電量的能力也會隨老化而降低。如果覺得陪伴你許久的手機好像沒有以前那麼耐久，應該不是錯覺！

手機裡的軟體和它用來判定電量的數學演算法會盡力克服這些時時改變的狀況，但結果依然只是最佳的估計值。手機右上角的百分比數字可以精確地告訴我們電池還能使用多久嗎？不開玩笑，它真的是在騙人。

小註解：它當然不是故意騙人。手機的電量計算技術使用數學模型，而英國統計學家喬治‧巴克斯（George Box）曾經說：「世界上的模型都不正確，但有些有用。」手機裡的模型就是這樣！

CHAPTER 22

數學魔術

　　我喜歡看魔術。優秀的魔術並不是在愚弄我，而是讓我質疑自己確實理解事物的能力。我很幸運地現場看過幾位傑出魔術師表演，每次都讓我不敢相信自己的眼睛。

　　許多魔術需要昂貴的特殊道具，或是多年的轉移注意力和手法訓練。但我現在要示範的魔術只需要幾張紙牌就能表演，因為它靠的不是道具或操縱知覺，而是數學。

　　拿出一副撲克牌，取出兩張鬼牌後共有五十二張。把牌好好洗一下（如果要表演給別人看，就請觀眾洗牌）。然後依照以下步驟把牌分成四疊：

1. 翻開第一張牌。這張牌如果是紅色，就正面朝上放在左邊。如果是黑色，就正面朝上放在右邊。

2. 放好第一張牌之後，拿起第二張牌（不要翻開也不要看），放在第一張牌上方另成一疊。現在桌上有兩疊牌，一疊翻開的，另一疊蓋著。

3. 翻開第三張牌，處理方式和第一張牌相同。正面朝上，依照顏色放在左邊或右邊。

4. 拿起第四張牌，處理方式和第二張牌相同。不要翻看，正面朝下放在第三張牌上方，另成一疊。

　　重複這個過程，直到整副牌分完為止。

　　如果你有跟著做，現在面前應該有四疊牌：翻開的紅色牌、翻開的黑色牌，還有兩疊蓋著的牌，兩種顏色上方各一疊。

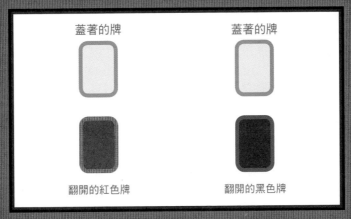

蓋著的牌　　　　　　　　蓋著的牌

翻開的紅色牌　　　　　　翻開的黑色牌

　　做下一步之前，我想請讀者思考一下這兩疊蓋著的牌。
這兩疊牌的厚度可能不同，表示兩者的牌數不同（我們可能
不知道兩疊牌各有幾張）。此外，這兩疊牌完全是未知的。
我們沒看過這些牌，放下去的時候也不知道每張牌是哪一
種。我這麼說是想強調我們真的不清楚這些蓋著的牌。

　　幾秒鐘之內，如果可能的話，我們將會知道得更少。同
樣地，如果要表演給別人看，就請觀眾幫忙以下的步驟：

1. 請觀眾任選一個1到6之間的數字。如果手上有骰子，擲
   骰子決定更具隨機性。
2. 假設觀眾選的是5，那麼就請觀眾從其中一疊蓋著的牌中
   任意拿出五張牌。
3. 現在不要看這些牌，從另一疊蓋著的牌裡拿五張跟這五張
   交換。

　　現在這兩疊蓋著的牌已經混在一起，我們不可能知道蓋
著的牌是什麼。

　　真的不可能嗎？精采的部分來了：告訴觀眾現在你要說
出神預測了：預測左邊那疊蓋著的牌裡的紅色牌和右邊那疊
蓋著的牌裡的黑色牌數目相同。接著翻開所有蓋著的牌來驗
證，會發現預測果然沒錯！重新再做一次，兩疊蓋著的牌數

目可能不同，骰子擲出來的數字可能不同。每疊蓋著的牌裡面的紅色或黑色牌數目可能不同，但結果永遠相同。完全不需要特殊道具或技巧！

這個魔術是怎麼變的？要了解其中奧妙，最簡單的方法就是一步步分析實際範例。我們首先說明這四疊牌是怎麼回事，接著來看看最後結果之前的隨機換牌。

雖然這個撲克牌魔術不需要特殊手法，但其實其中隱藏了一個幻象。雖然從表面上看來，我們對蓋著的牌所知不多，但我們知道的東西其實很多。如果用一點數學邏輯來思考這個魔術的規則，就會發現其實我們知道所有原理，這個魔術每次都一定會成功。

我們必須知道的第一件事是撲克牌只有兩種顏色，就是紅色和黑色，也就是有二十六張牌是紅色、二十六張是黑色。請先記住這一點。

接著跳過整個過程，快轉到撲克牌已經分成四疊。讀者們或許已經注意到，每次翻開的紅色牌和黑色牌數目都不一樣。但是因為我們發牌的方式是翻開和蓋住互相交錯，所以我們知道以下幾點：

＊有一半的牌是翻開的，也就是二十六張；有一半的牌是蓋著的，同樣是二十六張。

＊翻開的紅牌和上方的蓋牌數目相同。

＊翻開的黑牌和上方的蓋牌數目也相同。

　　這些都是我們需要的事實。現在我們要做一點計算，看看能發現什麼！

　　下面是我依照規則發牌之後的範例，請注意每一疊有幾張牌，而且完全符合我們依據剛才的邏輯推測的事實。

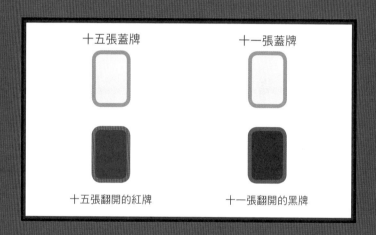

　　這個魔術的關鍵是蓋牌裡面的紅色牌和黑色牌。我們表演這個魔術時，其實完全不知道每一疊裡的牌。但我們現在要分析這個魔術，所以要來翻開一疊蓋牌，看能不能弄清楚是怎麼回事。假設我們把牌翻開，看到的狀況是這樣：

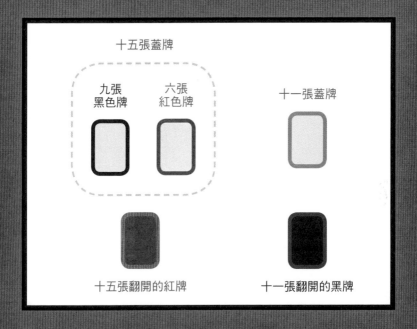

十五張蓋牌

九張
黑色牌

六張
紅色牌

十一張蓋牌

十五張翻開的紅牌

十一張翻開的黑牌

　　這時我們是也可以翻開另一疊蓋牌，算算各有幾張，但這樣就跟繼續變魔術沒什麼兩樣了。所以在翻開最後一疊牌之前，我們再運用一些數學邏輯，看看能不能弄清楚是怎麼回事。

　　我們先前注意到，關鍵資料是一副標準撲克牌有二十六張紅色牌和二十六張黑色牌。這裡可以看到，我們已經找到二十一張紅色牌，所以剩下的五張一定在最後一疊。但如果這疊蓋牌裡有五張是紅色，另外六張一定是黑色：

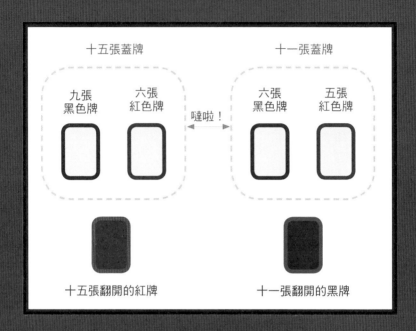

左邊有六張紅色牌，右邊有六張黑色牌，魔術成功了！這個魔術無論變多少次都會成功。可能一開始翻開的紅色牌和黑色牌數目不同，也可能蓋牌的紅色和黑色組合不同，但邏輯推算會告訴我們，這個魔術每次都會成功。

　　事實上，這就是我們高中時學代數的理由之一。學代數不是為了破解撲克牌魔術，而是要計算我們不知道值的數。我們不知道這些數是多少，所以用字母來代替它們，這就是前一章提到的代數記號。

　　在前一頁的圖中，我表演了這個魔術，發現有十五張翻開的紅色牌，上方有六張蓋著的紅色牌。但我可以運用代數，用一個代數號代替15、另一個代數號代替6，接著想像它們是任何值，例如12、8、23等等。如果想知道我怎麼運用代數說明這個撲克牌魔術，你可以跳到下一章看看我的解釋。

　　讀者們可能會想：「等一下，最後我們隨機交換幾張牌的詭異動作呢？你還沒解釋這個部分！」問得好！首先我想提醒一下，這個魔術讓人感到驚奇的原因是它隱含一定程度的數學原理，要花一點時間才能理解。但如果仔細觀察撲克牌移動（而且我非常建議讀者找一副撲克牌跟著一起做），就能了解它的原理，並且讓朋友和家人大感驚奇，自己也很有成就感！

　　要了解它的原理，我們先不管已經翻開的牌，只看蓋著的牌。我們完全依照魔術程序，先從每一疊任意拿出五張牌，看看會怎麼樣。

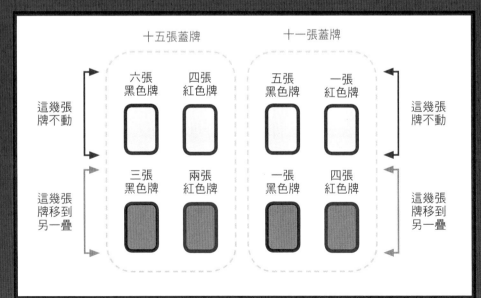

　　現在可以看到，我從每疊蓋牌隨機抽出五張牌放在旁邊。我想在換牌前先記下這些牌的顏色，因為這樣才能在換牌後得知牌數。請注意我要換的牌不是相同的牌，要交換位置的紅黑牌組合不一樣。

　　現在我選好了五張要換的牌，但還沒有移動，左邊所有的牌都還在翻開的紅色牌上方，右邊的牌都還在翻開的黑色牌上方。現在來換牌吧！

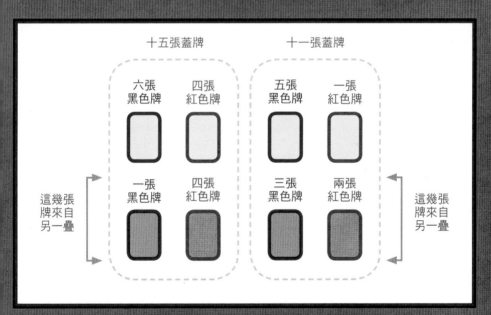

　　讀者們現在可以看到，隨機選取的五張牌已經放到新的位置。如果我攤開全部的牌，計算兩種顏色的新總數，會有什麼結果？

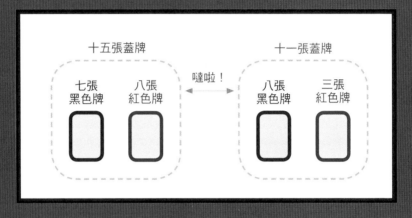

十五張蓋牌　　　　　　　　　　　　十一張蓋牌

七張黑色牌　　八張紅色牌　　噠啦！　　八張黑色牌　　三張紅色牌

　　你看，左邊的紅色牌和右邊的黑色牌數目還是一樣！

　　為什麼換牌感覺上應該會改變牌數，但其實不會？同樣地，如果運用一些邏輯仔細思考，原因其實很明顯。讓我來告訴各位。

　　為了幫助理解，我準備採用先前提到的技巧：問題難以解決時，先把問題簡化，看看是否能理解這個問題是怎麼回事。簡化的問題比複雜的問題容易理解，而且研究簡單問題的心得有助於解決複雜問題。所以我們先不要交換五張牌，只要交換一張牌就好。

想想看如果這兩張牌顏色相同，例如都是黑色時，結果會怎麼樣。別忘了，我們想知道的是牌的顏色，不是大小或組合。這表示黑色牌交換位置時，結果會和原先相同。紅色牌和黑色牌的數目會和換牌前一樣。

如果這兩張牌都是紅色，結果當然也一樣。

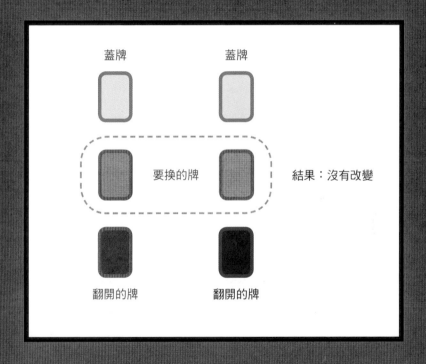

但是如果這兩張牌顏色不同呢？這也不難理解：如果從左邊拿出一張紅色牌放到右邊，則左邊蓋牌的紅色牌就會少一張，但我們同時也從右邊拿了一張黑色牌放到左邊，所以

右邊蓋牌裡的黑色牌也會少一張。數目會改變，但我們在乎的數目，也就是左邊的紅色牌和右邊的黑色牌，則會各少一張而且兩者相等。

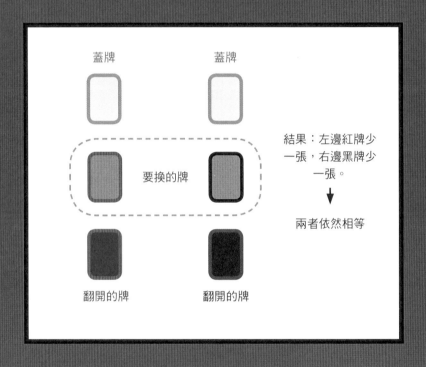

也可能發生相反的狀況，紅色牌和黑色牌各增加一張，但兩者依然相等。

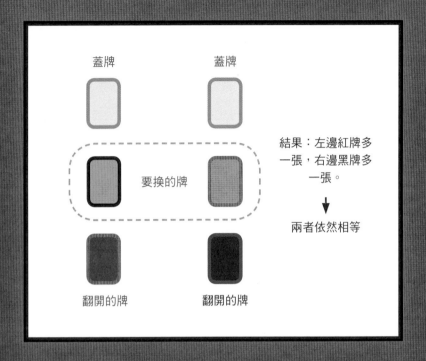

所以現在可以看到，如果只交換兩疊牌裡的一張牌，那麼任何一種可能狀況最後都會使牌數相等。現在我們把這個簡單問題還原成複雜問題：一次換五張牌和連續五次換一張牌是一樣的。如果換牌可使紅色牌和黑色牌數目相同，那麼我們不管換多少次，兩者的數目都會相同。

那麼這個魔術的重點是什麼？嗯，首先，這個魔術很有趣。我已經記不清有多少男女老幼看了這個小魔術而感到開心和困惑。另外很有意思的是，即使我們不完全了解這個魔術的原理，還是可以表演得很好。有些事情不了解原因還是可以做，有時候會讓人感到挫折，但生活中有時候也需要這樣。我踩下汽車油門時，車子就會前進，但我其實不大清楚這幾百個活動零件和讓汽車前進的物理和化學作用。我以每小時110公里行駛在高速公路時，很高興自己不需要在乎汽車引擎實際上怎麼運作！我們不需要完全理解汽車，汽車也能正常運作，證明了工程師的強大能力。同樣地，我們不需要完全理解數學也能運用它，展現了數學的內在和諧。

不過理解數學仍然是值得追求的目標。完全理解之後，可以像X光般一眼看透別人看不懂的現象。我們充分了解某些事物的原理，就能更深入地欣賞它。世界上的許多模式，包括自然界和人類社會，背後都有大多數人看不到的數學規則，就像這個巧妙的小魔術一樣。所以如果願意放慢腳步，運用邏輯仔細思考，數學真實的本質往往就會在我們眼前展開，就像撲克牌一樣簡單直接。

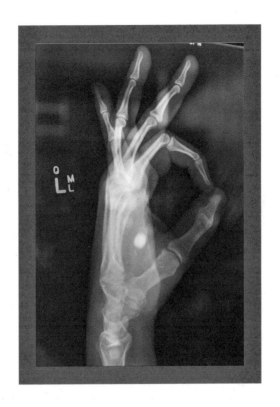

CHAPTER 23

不需要轉移
注意的魔術

前一章我們用一副撲克牌說明，看似隨機的過程只要具有一點點結構或規律，就可能隱含著奇妙的數學模式。我透過具體的例子和實際計算牌數，說明這些數字為什麼一定會這樣。

不過一定有些讀者想知道這個魔術為什麼一定變得成功，以及為什麼我們每次得到的數字不同，但每疊蓋牌裡的紅色牌和黑色牌數目都一樣。換句話說，很多人想揭開它的面紗，看看裡面究竟在玩什麼把戲。我不怪大家會這麼想，但是想先提醒一下，想真正了解其中的奧妙，**就必須學一點代數**。

我先提到這點的原因是我知道很多人經常一聽到代數就翻白眼。這跟我小時候玩電腦遊戲時想到大魔王的反應一模一樣。「對對對，我很愛玩《銀河戰士》！但玩到最後你必須瞄準有一千顆牙齒和十五個眼睛的恐龍發射一百萬枚火箭。我從來沒有打贏過大魔王，爛死了。」很多人在派對上或婚禮接待處知道我是數學老師時，通常會這樣講代數：「我不討厭數學，但加進字母之後就不行了。」

不過**代數是人類為了解決問題而開發的超級強大工具之一**。原因是世界上有許多問題包含不確定或經常改變的數值。這時候代數進來了，它說：「你不知道這個數應該等於多少？沒問題，我們先用數學代號來代替，字母應該可以。

你計算這個數的時候，需要的話可以用它代替。」

> 親愛的代數：
>
> 請不要再叫我們找你的 x（音同「ex」〔前任〕）。
>
> 她不會回來了，
>
> 而且也不要問 y（音近「why」〔為什麼〕）。

　　前面曾經提過，這些數學代號稱為「代數記號」。如果想想前一章的撲克牌魔術，就很清楚代數記號為什麼那麼好用。有幾張牌翻開之後放在紅色這邊？除非我實際試過一次，否則不會知道有幾張。我每次變這個魔術時，牌數都不一樣。但無論這個數字是多少，它都和接下來的許多數字有關，所以我可以用一個代數記號來代替它進行運算。請做好準備，我要來示範該怎麼做了！

　　好的，首先，依照前一章的步驟進行，發完手上所有的牌（跟上次一樣，我們等一下會知道換牌之後的結果）。現在桌上應該是這樣：

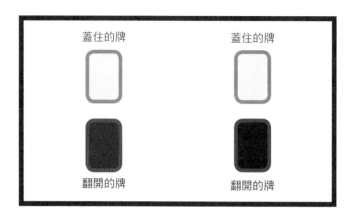

數學有個重要原則，尤其是代數，就是喜歡採用簡潔明瞭的詞。文法專家可能會說數學家喜歡「盡量提高詞彙密度」，也就是把最多意義塞進最小的空間。所以我們不用冗長的詞句來描述東西，就用簡稱來代表這幾疊牌以便辨識。我們把左邊兩疊牌稱為R1和R2（因為是在紅色這邊），右邊兩疊牌稱為B1和B2（因為是在黑色這邊）。

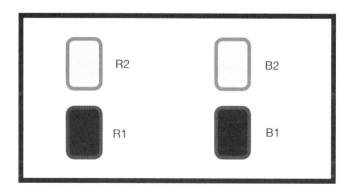

這種狀況有個重點，就是我們必須知道，雖然每一疊牌的牌數似乎互不相關，但其實關聯相當密切。為了說明這點，我們先運用接下來的代數技巧，得出R1的牌數。在前一章提到的例子裡，這疊牌的牌數正好是15，但可能是任何數字，所以我們依照數學傳統，把它稱為x。

代數號的功能是代替數字，所以遵守的規則也和數字相同。這表示我們可以套用前一章提到的邏輯，得知這幾疊牌彼此間的關係。我們上次得出幾項結論，現在再用代數方式描述一次：

* 「有一半的牌是翻開的，也就是二十六張；有一半的牌是蓋著的，同樣是二十六張。」如果R1有x張牌，那麼B1的牌數和它相加後一定等於26。也就是B1有26-x張牌。在前一章中，R1是15，B1是(26 - 15 =) 11。
* 「翻開的紅牌和上方的蓋牌數目相同。」我們每放一張牌在R1時，也會放一張牌在R2。所以這兩疊的牌數一定相同，各有x張。
* 「翻開的黑牌和上方的蓋牌數目也相同。」這點是前兩點綜合的結果。因為我們已經確定B1有26-x張牌，所以B2一定也有26-x張牌。

好，現在來檢查看看。這是目前已知的狀況：

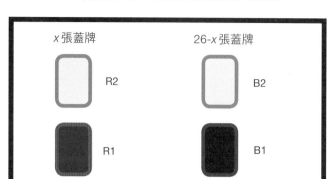

簡單心算也證實，如果把四疊牌數相加，總共是五十二張，這樣就沒錯了！

接下來我們把鏡頭拉近一點，只看R2。依照魔術進行程序，我們現在想知道的是這疊牌裡紅色牌的數目。如果變過這個魔術兩次以上，就會發現這個牌數和x一樣每次都不同。因此我們用y來代替它。

現在必須記住，我們從一開始就知道整副牌共有幾張紅色牌：剛好一半，也就是二十六張。R1有x張紅色牌，R2有y張。別忘了B1沒有紅色牌（因為我們翻到黑色牌才會放到B1）。這表示如果還有其他紅色牌，一定會在B2。

接著再思考一下這點，這是邏輯思考中非常重要的一步，必須牢牢記住。B1裡面只有黑色牌，也就是二十六張

紅色牌分散在R1、R2和B2。我們已經知道R1和R2有幾張。在我說出來之前，讀者們可以算出B2裡會有幾張紅色牌嗎？

　　為了讓數字正確，B2一定有26-x-y張紅色牌。我們把這些紅色牌和R1的x張紅色牌和R2的y張紅色牌相加，結果就是一副撲克牌裡應該有的二十六張紅色牌。（除非撲克牌生產工廠印錯了！）

　　以下是這個魔術的最後結果。讀者們還記得這個魔術的預測是什麼嗎？R2的紅色牌數應該和B2的黑色牌數相等。代數可以在我們實際計算之前先幫我們算出B2有幾張黑色牌嗎？

　　現在我要拿出解決這個問題的最終代數武器，就是方程式！方程式可以幫我們弄清楚B2裡的狀況。

$$\text{B2的黑色牌數} = (\text{B2的總牌數}) - (\text{B2的紅色牌數})$$
$$= (26 - x) - (26 - x - y)$$
$$= 26 - x - 26 + x + y$$

（假如學過的高中數學已經還給老師，這裡提示一下，減去負數就是加上正數！）

B2的黑色牌數 $= y$

B2的黑色牌數 = R2的紅色牌數

整副牌就是這樣！

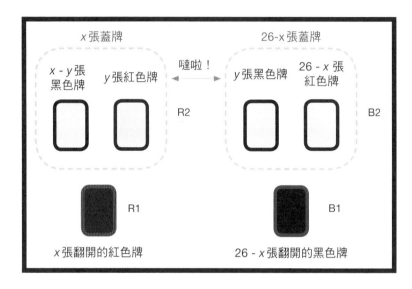

看起來是不是很眼熟？這就是286頁那張圖的代數版。

好，現在要處理麻煩的換牌步驟了！這個部分更難理解，因為它不像這個撲克牌魔術的第一部分，會有觀眾參與，自己決定要換幾張牌。不過如果能堅持下去，看到它合而為一時會更有成就感！

在這個部分，我們只要考慮蓋住的兩疊牌（R2和B2），因為換牌的就是這兩疊。觀眾必須決定R2和B2要交換幾張牌，我們把這個數字稱為n。

另外，觀眾還必須決定要換哪幾張牌，而且我們不知道

這些牌是紅色還是黑色，因此我們必須記住更多代數記號。不過我們可以只看真正重要的數字，盡量減少代數號。我們感興趣的是R2的紅色牌，所以假設觀眾決定從R2拿a張紅色牌換到B2，如此一來，R2還剩下$y-a$張紅色牌。因為觀眾總共要換n張牌，所以會同時把$n-a$張黑色牌放進B2。

同樣地，我們只對B2的黑色牌感興趣，所以也假設觀眾決定從B2拿b張黑色牌換到R2。如此一來，B2還剩下$y-b$張黑色牌，這也表示有$n-b$張紅色牌會被換到R2。

因此在換牌之前，撲克牌的分布狀況如下：

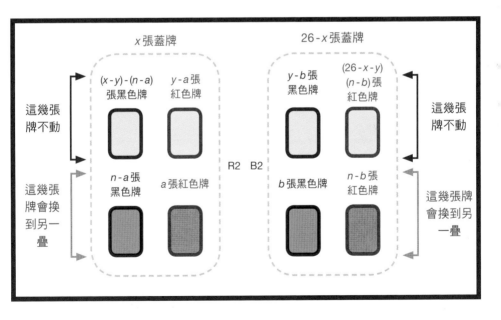

換牌之後的分布狀況如下：

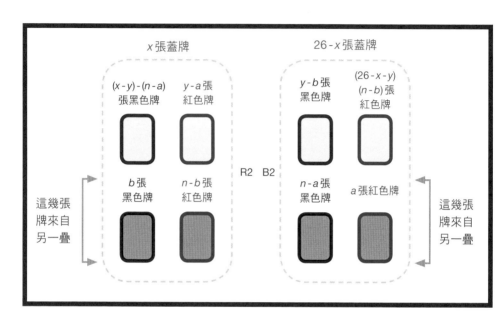

如果把交換的牌和新位置加在一起，最後的狀況如下：

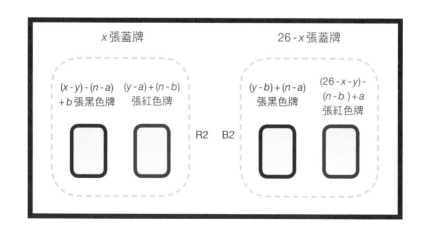

但如果拿掉括弧，仔細觀察R2的紅色牌和B2的黑色牌。就會發現它們結合得非常完美（如同第290頁的狀況）：

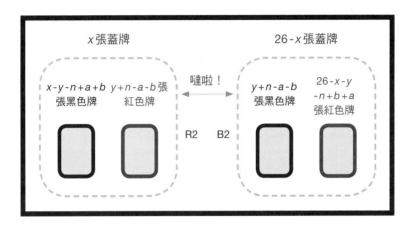

那麼重點是什麼？世界上有許多事物彷彿隨機又混沌，沒有韻律或理由可以理解。但有許多狀況的表面底下其實隱含著模式和邏輯，而且這類狀況所在多有。數學就是人類用來理解周遭世界的強大工具之一，它幫助我們看透其他人看不出來的關係和關聯。這些關係有時微不足道，例如撲克牌魔術中的數字關係。但在某些領域中，這類關係又十分重要，例如股票市場、保健趨勢或氣候預測等。有時候，在人類經驗的某些幽暗領域投下一束數學之光，往往可以左右人的生死！

CHAPTER 24

數學錯誤

　　先前我們研究向日葵、黃金比例和費波那契數列的時候，花了很多時間思考乘法和除法怎麼運作。我們翻玩這些十分基本的運算時，出現了幾個令人驚奇的模式和性質。在這一章裡，我想進一步研究除法概念，同時解決一個前面曾經提過的經典問題，而且這個問題從一開始就讓全世界大惑不解。這個古老的問題就是：**為什麼 0 不能當除數？**

　　解決這個難題之前，我們必須先回溯到前面一點。比較適合的地方是除法符號本身，這個記號稱為除號（obelus）。讀者們或許寫過和唸過這個符號好幾千次，但從來沒有注意過，它其實從視覺上就表現了除法這個行為：

　　obelus 在古希臘文中的意思是削尖的棒子，和著名的方尖碑（obelisk）字源相同。它表示我們真正關注的是符號中間那條線，這條線真的把兩個點分成兩組。除號本身就是除法這個實際動作的象徵。

　　分成相等的好幾組是我們小時候最先學到的除法概念。我們有一堆相同的物品，想分給好幾個人，讓每個人得到相同的數量，所以我們需要把這些物品分成好幾組，讓每組的數量相同。

　　假設我們有二十四片巧克力餅乾，想分給三個人。我們

可以這麼分：

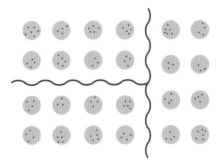

　　這個圖說明為什麼24 ÷ 3=8。8在這個例子裡的意義是什麼？是每組物品的數量，也就是每個人可以享用到的巧克力餅乾的數目。

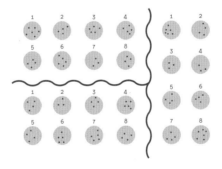

　　這種除法稱為**劃分除**（partition division），因為我們是把一個數「分成好幾份」。我們最後得到的答案（8）說明了每份的大小。但讀者們知道我們知道的除法其實還有其他方式嗎？

　　我們還是以二十四片餅乾當成新問題的開端。假設我想

把這些餅乾包起來賣給別人，而不是送給朋友。如果每包有三片，這樣可以包成幾包？畫成圖應該是這個樣子：

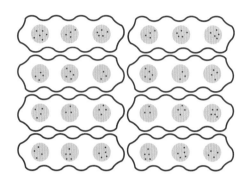

這種除法稱為**包含除**（quotition division）。這個單字源自拉丁文的quot，意思是「有多少？」（所以quota〔配額〕的意思是我們必須做多少事、quote〔報價〕的意思是某樣東西要多少錢）。在這個題目中，「有多少」代表「我們能分成幾組？」。因此24 ÷ 3 = 8在這裡的意思可能完全不同。它是每組的大小已知時所能分成的組數。

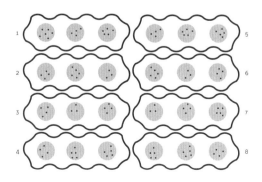

答案一樣是8。這是因為我們在劃分除時看到的是共有三組、每組八片餅乾，所以是$3 \times 8 = 24$。但在包含除時看到的是一樣多的餅乾可以分成八包，每包三片餅乾，所以是$8 \times 3 = 24$。乘法可以前後顛倒的性質稱為交換性（commutativity）。

以包含的眼光來看除法需要多花點腦筋，但往往相當有用。舉例來說，它讓我們能夠理解「$24 \div \frac{1}{2}$等於多少？」這類問題。

透過劃分來解答這類問題不是不可能，但有點奇怪。我們要怎麼跟「半個人」分享餅乾？而包含法就能提供完全不同的自然詮釋：這表示我們要以每包只有半片的方式包裝餅乾（我猜這是為了節省！）。我們想問的是：如果每包裝半片餅乾，總共可以包成幾包？

雖然想像起來有點傷心（半片餅乾怎麼夠吃呢？），但這樣讓問題變得容易解決了：$24 \div \frac{1}{2} = 48$。

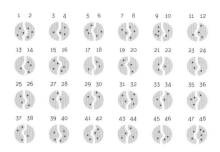

誰想得到要理解除法
這麼簡單明瞭的東西竟然這麼複雜？

現在我們終於要回到剛才提到的古老難題，也就是「用0當除數」的問題。所有學數學的學生（以及大為光火的家長和老師）都會說：0就是不能當除數，而且把它當成公理。許多人說就是這樣，但很少人知道為什麼會這樣。它變成我們必須死記下來的硬性規定，但這句話本身很奇怪，所以這一點深深印在我們的腦海裡。有些人可能會用計算機試試看，但任何數除以0的結果一定是**「數學錯誤」**。有些人或許會接受這個結果，但同時又出現了一個問題：是誰要計算機這麼講的？為什麼要這麼做？

前面的內容有助於理解這一點。我們先用劃分法來思考這個問題。如果要把餅乾分給0個人，那麼每個人可以分到幾片餅乾？嗯，如果不用分給任何人，合理的結論應該是0片，因為沒有人拿到餅乾（可憐哪）。

但是如果用包含法來思考這個問題,答案就沒有那麼直接了。如果每包有0片餅乾,那麼可以包成幾包?嗯,想包幾包都可以,因為餅乾永遠不會減少,就好像我們一開始就沒有把餅乾包進去一樣。從這個邏輯看來,我們可以說能包出無限多包,所以答案應該是無限多?這跟剛才用劃分法得出的結果有點矛盾。這是個警訊,代表我們思考的邏輯不一致。

解決這個難題的最後一擊是思考除法和乘法之間的關係。我們知道$24÷3=8$,但這是因為$24=8×3$。可以看出我把第一個算式變成第二個算式的方法是把等號兩邊各乘以3。

好,現在我們採用代數方法,就像前面分析撲克牌魔術時一樣。假設把一個數除以0時真的能得到合理的答案。我不知道答案是什麼,所以假設它是x。所以這個算式是:

$$24 ÷ 0 = x$$

但如果套用前面的方法,把兩邊各乘以0,算式會變成這樣:

$$24 = x × 0$$

0或許讓人費解,但我知道任何數乘以0的答案都是0。這表示不管x代表任何數,這個算式都不可能成立。

　　數學家說任何數除以0是「無意義」。他們的意思是任何數除以0都沒有意義，因為它「沒有意義」，也就是我們沒辦法給它一個意義，讓它符合現有的數學定律。這就是0不能當除數的真正原因！

CHAPTER 25

左撇子為什麼
沒有消失？

　　我弟弟是左撇子。這件小事在我的成長過程中留下難以磨滅的印記。一開始只是一些小事，例如我總是必須留意吃晚餐時坐在哪個位置，因為如果坐在我弟弟左邊，整頓飯我們的手肘就會一直相撞。再來就是我會發現一些令人費解的事情，例如如果是我想用左手拿剪刀剪紙，剪刀只會把紙摺起來而不會剪斷。

　　後來我長大一點，開始想學音樂，尤其是民謠吉他。我發現吉他看來似乎是對稱的，但其實都是設計給右撇子使用（沒錯，現在有特別製作的左撇子用吉他）。我弟弟也告訴我，從左到右的西方文字書寫方式顯然也有利於右撇子，因為左撇子的左手很容易沾到剛寫好的字，把紙弄髒。

　　我爸爸原本也是左撇子。我說「原本」是因為以前的人認為用左手是不對的，所以我爸爸在學校時被「糾正」，改用右手寫字或吃飯。我長大之後知道這件事，讓我對用左手

這件事非常好奇。我記得我在小學時甚至還有點嫉妒，因為我覺得「平凡」地用右手很無聊。相反地，我弟弟則對慣用左手這件事有多不簡單毫無憧憬。

活在慣用右手的世界一點都不有趣。

他有時候會這樣提醒我。

　　我不知道我和我弟弟其實無意中講到了世界上最早有人會慣用左手的原因，但我直到上了一陣子大學後才真正了解這個原因。為了了解其中緣由，我們必須思考一個非常簡單的概念：適者生存。

　　達爾文當初在科學界發表《物種起源》（*On the Origin of Species*）時，其中的概念非常新穎。現在我們把這些概念視為理所當然，經常忘記它們真的非常高明。它最重要的見解是最可能留存在群體中、進而傳給後代的表徵，是讓擁有者獲得競爭優勢的表徵。讀者們是否想過為什麼有這麼多動物發展出有效的偽裝來保護牠們棲息？越能跟環境融為一體，就越不容易被吃掉，也就是多存活一天，繁殖下去的機會就多一點。比較顯眼的同種生物比較容易被掠食者發現後捕食，因此離開基因庫。相反地，在其他環境中，力量或速度是保護擁有者的主要特質。「適者」生存，其餘生物消失。有利的特質留存下來，不利的特質則被掃進演化史的灰燼

中。

害羞又醜陋

　　這乍看之下有點難以理解，因為左撇子似乎不是什麼有利的特質。漂亮的膚色和美妙的身材通常會被視為有吸引力的表徵，但很少人會在交友網站的自我介紹裡寫「左撇子」，希望吸引到速配對象。我弟弟經常提到，在右撇子世界裡生為左撇子經常相當不方便。而這就是最好的詮釋：約翰‧桑特洛克（John W. Santrock）曾經寫道：「千百年來，左利者在右利者的世界中飽受不公平的對待。」

　　自古至今，左撇子經常被自己生活的社會嘲弄。許多人受到比我爸更糟的待遇，有人被視為惡意、不祥，甚至因為與眾不同而被當成女巫。即使現在世界上大多數人已經沒有這種歧視的習慣，這類嫌惡仍然殘存在語言中：與「右邊」有關的單字通常代表「正確」，舉例來說，dexterity（熟練）

和dexterous（靈巧）都源自拉丁文的「右」，而sinister（陰險）則源自拉丁文的「左」。

　　平心而論，古代人對左撇子的嫌惡其實不完全是迷信。許多文化中的戰士習慣把裝在鞘中的刀劍佩在左腿上，以便在需要時用右手抽出刀劍。（現在這點演變成朝對方伸出右手代表友誼和善意的習慣，因為伸出右手代表無法抽出刀劍。現在我們不會隨時帶著刀劍，但還是會握手！）另一方面，左撇子則能把武器藏在右腿而不讓人起疑。聖經《士師記》中以色列戰士以笏（Ehud）的敘述中，這是相當重要的情節。他是左撇子，因而刺殺敵方國王得逞：

　　　　以色列人呼求耶和華的時候，耶和華就為他們興起一位拯救者，就是便雅憫人基拉的兒子以笏；**他是左手便利的**。以色列人託他送禮物給摩押王伊磯倫。以笏打了一把兩刃的劍，長一肘，帶在右腿上衣服裡面。他將禮物獻給摩押王伊磯倫；

　　　　以笏便**伸左手，從右腿上拔出劍來**，刺入王的肚腹，（士師記第3章15-17節及21節）

　　所以古代人對左撇子的疑懼至少是有理由的。但這又帶

來一個問題：如果世界各地文化都歧視左撇子，認為它是不利的特質，用適者生存的原則看來怎麼合理呢？

如果慣用左手是不利的特質，
世界上為什麼還會有左撇子呢？

有兩個原因可能有助於了解為什麼慣用左手似乎是不利的特質，卻一直留存到現在。第一個原因是在「適者生存」中，「適者」的意義完全取決於環境。舉例來說，先前我提過偽裝是有效的特質，可以保住性命，繼續繁殖。但許多動物演化出完全相反的偽裝，以誇張的色彩和形狀吸引注意（通常是異性的注意）。在這種狀況下，讓可能求偶對象發現成為繁殖下一代的關鍵，發展出巧妙的偽裝、和周遭融為一體反而不是聰明的策略，而是遺傳自殺行為。

所以慣用左手一定具有某種優勢。接下來的問題是：這個優勢是什麼？有趣的是，運動領域可以讓我們了解這一點。

在世界各地的板球場和棒球場上，左撇子往往擁有難以取代的地位，理由正是左撇子與眾不同。站在投球區的板球左投手看來有點奇怪：投手朝打擊手投球時，球的角度很不尋常，常讓打擊手大吃一驚。這種效果通常只限於一個方向，因為左投手整個投球生涯中幾乎都只投給右打者，而且

非常善於對付右打者。

拚命吸引注意的孔雀

　　拳擊場上也有類似的現象。拳擊手比賽時不是以對稱方式站立。原因很簡單：拳擊手本身大多不是對稱的。拳擊手通常有慣用手，所以有一隻手臂比較強壯。在比賽時，這會造成很大的差異。

　　最常見的拳擊站姿稱為正架站位（orthodox），名稱源自希臘文的「右」。拳擊手左腳和左手在前，比較靠近對手。這樣一來，拳擊手的初步攻擊（稱為刺拳）出自比較弱的左手，比較強的攻擊（稱為鉤拳）則出自慣用的右手。由於右撇子占大多數，所以拳擊手很快就會建立起肌肉記憶，

習慣於防守對方左手的刺拳和右手的鉤拳。

但慣用左手的拳擊正好相反。自然習慣使他們的站姿和正架站位左右相反，這種姿勢稱為左架站位（southpaw），它讓對手難以對付的理由正是少見。因為拳擊手很少碰到這種站姿，練習機會不多，因此很難對付它。這種方式的效果相當大，甚至有實力較強的右撇子為了嚇唬對手而刻意練習左架站位。

這或許可以解釋慣用左手為什麼一直存在。

適者生存假定我們生活在競爭的環境中，

我們存活和傳遞基因的能力其實取決於我們對抗敵人、保護自己和小孩的能力。在對抗中使用祕密武器的能力（例如讓人難以對付的站位）是相當有用的演化優勢。事實上，站位越少見，對方對付這種站姿的經驗越少，因此更加有用。如果這種遺傳表徵被「趕上」，在群體中變得更普遍，就會失去它的獨特性和效果。

這種現象稱為頻率依存（frequency dependence），也就是群體中的左撇子越少，他們的優勢就越明顯。因此，當左撇子的數量減少（這通常代表群體中某個遺傳表徵即將消失），他們就會發揮更大的力量，藉此獲得演化復甦，讓數量再度增加。相反地，如果左撇子的數量持續增加，使比

左架站位

例高到異常程度，他們的競爭優勢就會降低，數量也開始減少。最後群體中左撇子和右撇子將會達到某種穩定比例，這種狀態稱為「均衡」。現在的狀況就是這樣，世界各地所有族群的數字都相當接近，左撇子的比例大約是10%。

　　這個概念與慣用手的相關性是法國研究人員夏洛蒂・佛瑞（Charlotte Faurie）和米契爾・雷蒙（Michel Raymond）所提出。他們把慣用左手在戰鬥中可能有利的說法命名為「戰鬥假說」（Fighting Hypothesis），同時進行統計分析，看看是否能加以證實。

　　我們該怎麼檢驗像這樣的概念？這本身就是個棘手的問題，因為大多數人認為科學方法以實驗為主要依據，讓我們

能重複檢視某個假說是否正確。如果把衛生紙放在杯子裡，再把杯子倒扣在水中，衛生紙會不會濕掉？試一試，看看是什麼結果。我們應該只要試個幾次，就能知道事實。但現在的問題是：我們要怎麼設計類似的過程，證實（或否定）戰鬥假說？其實沒那麼容易。佛瑞和雷蒙決定採用研究人員最讓人害怕的武器：統計相關。

即使從來沒聽過機率獨立或關聯係數這些技術名詞，我也能保證大家一定接觸過這類概念。我們看到「科學家指出巧克力愛好者壽命較長」或「常講粗話的人比較誠實」這類新聞標題時，就表示有人把統計相關偷渡到對話中，有時候是立意良好的報導，有時候則是厚顏無恥的譁眾取寵。那麼統計相關究竟是什麼，又該怎麼使用？

假設我們要主持一個政府機關，專門負責增進國民健康。我們或許會想專注於某個跟國家有關的健康議題，例如肥胖。為了把心力集中在能夠做出成績的地方，合理的第一

步應該是蒐集資料，看看全國哪個地區的肥胖人口比例最高。假設下一頁的表格就是我們最後蒐集到的資料。

表1

市郊住宅區	肥胖人口比例
貝里維爾	3.5%
莎士比亞山	3.8%
可汗鎮	23.0%
西海恩里希森	16.3%
北桑斯伯里	8.8%
道提布魯克	22.3%
修道院區	19.7%
拉斯科瓦斯	8.1%

　　我們找出哪個區域的肥胖人口比例最高之後，接下來想問的問題當然就是：這些地區的肥胖狀況為什麼比其他地區嚴重？了解導致某個地區肥胖比例高於其他地區的潛在原因，或許有助於設計出有效的改善策略。假設我們取得這些地區其他方面的各種統計數字，決定作個比較，或許能從其中找出模式。

表2

市郊住宅區	肥胖人口比例	居民平均年齡	每日平均氣溫	每戶平均電視機台數
貝里維爾	3.5%	39.4	26.5	0.9
莎士比亞山	3.8%	36.1	28.1	1.2
可汗鎮	23.0%	34.7	26.4	6.4
西海恩里希森	16.3%	32.3	27.2	4.4
北桑斯伯里	8.8%	37.3	23.5	2.7
道提布魯克	22.3%	35.6	25.0	6.0
修道院區	19.7%	31.0	22.7	5.1
拉斯科瓦斯	8.1%	30.9	27.4	2.4

　　還沒有注意到什麼蹊蹺嗎？沒關係，這些資料現在看來還很雜亂，因為它還沒有整理成有用的順序。我們再試一次，但這次稍微重新整理成表3。

表3

市郊住宅區	肥胖人口比例	居民平均年齡	每日平均氣溫	每戶平均電視機台數
可汗鎮	23.0%	34.7	26.4	6.4
道提布魯克	22.3%	35.6	25.0	6.0
修道院區	19.7%	31.0	22.7	5.1
西海恩里希森	16.3%	32.3	27.2	4.4
北桑斯伯里	8.8%	37.3	23.5	2.7
拉斯科瓦斯	8.1%	30.9	27.4	2.4
莎士比亞山	3.8%	36.1	28.1	1.2
貝里維爾	3.5%	39.4	26.5	0.9

這裡的資料完全相同，但我們依據市郊住宅區的肥胖比例重新排列。換句話說，我們從肥胖比例最高排到最低。這麼做有用的原因是它是我們想了解的因素，所以如果與肥胖率排名相符的其他資料中出現某種模式，就代表有些東西值得進一步研究。

　　統計學家和其他資料研究者把這個程序稱為「分析」，所以如果有人說自己是「資料分析師」，我們就知道他們有一部分工作是整理一大堆混亂的資料，以適當的方式整理，協助我們找出不容易馬上看出來的潛藏結構。

　　現在剛好最適合介紹另一種統計學工具：視覺化。人類的思考由視覺主導，用於視覺處理的腦容量是觸覺的四倍之多、更高達聽覺的十倍。神經組織幾乎全部都會參與視覺處理，比其他感覺的總和還多。所以可以想見，我們最容易理解的方式就是把資料畫成圖片。

　　把這些資料視覺化的方法有好幾百種，但我們先用統計學家最常用的散布圖（scatter plot）。顧名思義，這種圖是以散布在二維平面上的點來呈現資料。

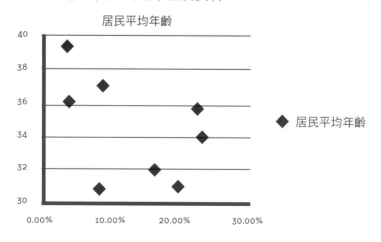

居民平均年齡

這張圖是什麼意思？每個點代表一個市郊住宅區。我們從左到右看這張圖，是從肥胖率最低看到最高的地區。點的位置越高，這個住宅區的居民平均年齡越高。

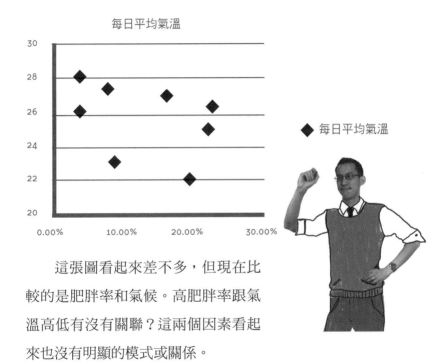

這張圖看起來差不多，但現在比較的是肥胖率和氣候。高肥胖率跟氣溫高低有沒有關聯？這兩個因素看起來也沒有明顯的模式或關係。

但我們來看看肥胖率和每戶平均電視機台數的比較結果，資料出現明顯的形狀。肥胖率較低的地方，電視機台數也比較低，圖中另一端同樣兩者相符。此外，圖中間似乎也有相同的狀況，電視機台數增加時，肥胖率也隨之提高，這種狀況就稱為「統計相關」。

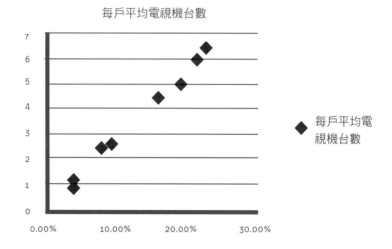

每戶平均電視機台數

我們現在可以想像標題會怎麼寫了。「電視可能導致肥胖！」但這裡必須注意的是，統計相關和各種工具一樣可能遭到誤用。有一句話最能傳達這種狀況，就是「相關不等於因果」，也就是兩個量同時提高或降低，並不代表兩者之間有因果關係。它們之間的關聯或許完全只是巧合。這個例子更有可能是另一種狀況，就是有某個潛藏因素使我們探討的兩個因素同時改變。就這個狀況而言，有個合理假設是家戶收入較高使肥胖率提高（因為收入較高可以購買更多可能導致肥胖的食物），同時也使民眾購買更多電視機（因為比較有錢）。

現在再回到難以解決的左撇子問題。佛瑞和雷蒙想知道慣用左手和戰鬥能力是否有關聯。他們找了哪些資料來觀察

其中是否有模式呢？哪些文化的慣用左手比例可能不同，又
有哪些因素可以呈現戰鬥技巧的重要性？他們在研究中決定
比較八個傳統社會的殺人率。他們知道觀察現代文化可能影
響結果，因為戰鬥技巧在現代文化中的有利程度比較低。以
下的散布圖就是他們得到的結果。

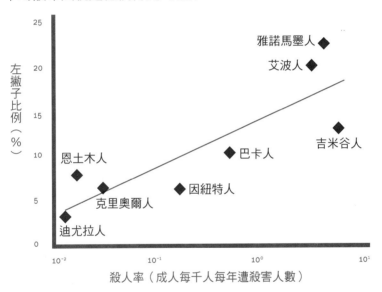

相關顯然存在！那麼這表示他們證實了戰鬥假說嗎？沒
有，其實完全不是這樣。如同前面談過的肥胖率和電視機擁
有率一樣，可能有很多因素潛藏在底下，這樣的關係也可能
純屬巧合。但有一點是確定的：這個證據再次證明數學邏輯
的說法，慣用左手等表徵確實有用。

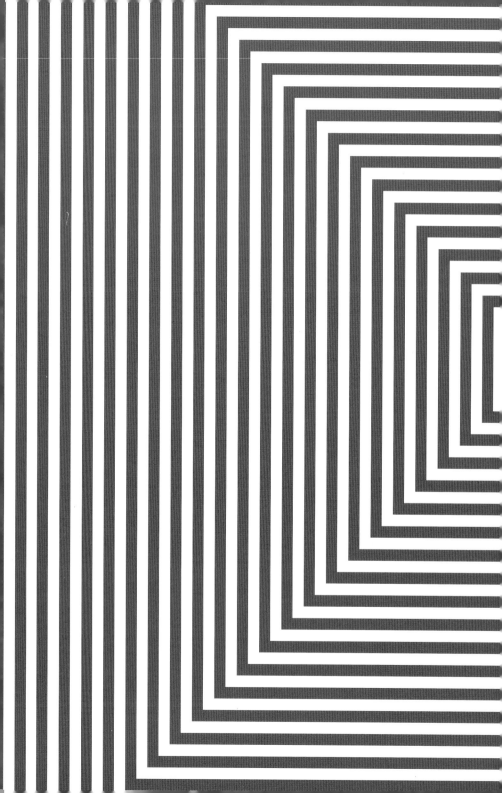

CHAPTER 26

為什麼你的胰臟就像一個單擺

　　前一章探討左撇子為什麼不會消失時，我概略提到「均衡」的概念。這個概念在科學界相當常見，因為自然界中有許多狀況是兩股相對力量達到均衡狀態。這點相當合理，因為如果沒有達到均衡狀態，一段時間之後一定會消失。

　　兩股相對力量的概念在數學上相當有趣，因為它通常會形成這樣的圖形：

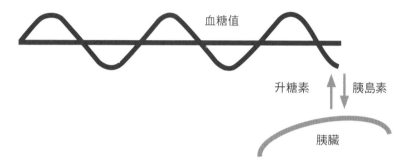

　　這張圖呈現血糖值的變化，說明胰臟調節血糖的方式。圖中的直線稱為「恆定設定點」（homeostatic set point），我們可以想成是血液中的「正常」血糖值。血糖過高對人體而言是個大問題，高血糖可能導致痙攣，嚴重時甚至可能死亡。胰臟感覺到血糖值過高時，就會釋出胰島素，減緩並抑制血糖繼續升高。

　　與此相反的低血糖也一樣危險，所以胰臟必須釋出升糖素，恢復均衡狀態，避免這種狀況。因此胰臟運作不正常的糖尿病患者必須隨身帶著軟糖之類的糖果，在血糖突

然降低的緊急狀況下食用。另一個相當類似的「感壓反射」（baroreflex）機制也以相同的方式運作，隨時調節血壓。

　　但讀者們或許看得出來，血糖值圖形的形狀曾經出現在前面〈悅耳的音樂〉這一章。沒錯，它是正弦波，跟發出音樂的波相同。

　　這類波形出現在具有負回饋（negative feedback）性質的系統中。許多力學系統依據負回饋設計，而就像從圖中可以看見的，許多生物系統的運作方式也是如此。我們需要維護或調節某個環境或狀態時，負回饋就是最好的工具。

　　我們也可以自己製造負回饋系統，觀察負回饋的有用之處。拿一段細繩或牙線、鞋帶等類似的物品，一端綁上重物。讓重物隨重力掛在下方，接著讓它朝任何方向搖擺。現在把手固定位置，觀察會有什麼狀況。這就是我們所知最簡單的負回饋系統：**單擺**。

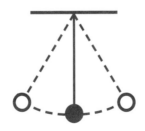

　　人類從17世紀就開始用單擺的規則運動來計時。負回饋是單擺運作的核心：它如果朝某個方向擺動太遠，與中央點

的距離就會把它拉往反方向。因此這個運動不需要太多介入就能持續下去。如果把單擺左右運動的軌跡畫出來，會是什麼樣子呢？

沒錯，就是我們的老朋友正弦波！

經濟情勢裡也可以觀察到負回饋。請看1926年起澳洲房地產價格波動的歷史圖形：

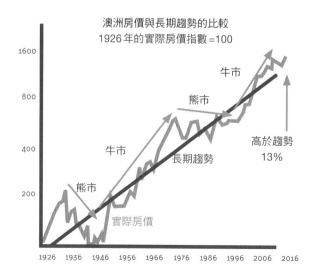

澳洲房價與長期趨勢的比較
1926年的實際房價指數=100

　　整個圖形確實趨向上漲，反映出通貨膨脹和中產階級化等趨勢。然而，如果我們先不看整體形狀，就能看出其中暗藏著正弦波形。這反映出經濟需求和供給週期產生的負回饋循環。房地產被買下和入住之後，稀少性提高，需求上升，價格上漲（房地產專家稱為「牛市」）。但為了因應短缺，政府會重劃土地，大幅增加房地產供應量，壓低需求、使價格再度降低（所謂的「熊市」）。

　　我們研究碎形（參見〈遊走在血管中的閃電〉這一章）時曾經提到，數學能讓我們了解，有些看起來完全不同的事物往往隱含相同的概念或結構。

　　這點也讓我們了解，為什麼這麼多人學數學時覺得相當困難，或許也包括正在看這本書的你。從本質上看來，數學關注的是與萬物有關的基本概念，去除了具體的細節和脈絡。我們看到 x^2 這類符號時，知道它代表「x 自己乘以自己」，但 x 可能是三角形的長，一筆錢的數目，也可能是光速。

　　然而，去除這些細節和脈絡之後，經常會使我們的大腦更難掌握這些概念。它不僅使事物更不容易理解，也去除了我們在意這些符號的理由。如果我不知道 x 代表什麼，我又怎麼會對 x 感興趣？這兩個因素或許可以解釋大眾覺得代數非常難學的原因。

　　不過這不是缺點或設計疏失，而且是數學威力強大、用途廣泛的理由。

**　數學是把終極萬用鑰匙：只要我們學會運用它，**
**　　它幾乎能解開全世界所有難題。**

延伸閱讀

Acheson, David, *1089 and All That*, Oxford University Press, Oxford, 2002.（《掉進牛奶裡的 *e* 和玉米罐頭上的 *π*：從1089開始的16段不思議數學之旅》，大衛・艾契森 著，臉譜出版，2013）

Bellos, Alex, *Alex's Adventures in Numberland*, Bloomsbury Publishing, London, 2010.（《數字奇航》，艾利克斯・貝洛斯 著，時報出版，2012）

Devlin, Keith, *Mathematics: The Science of Patterns*, Henry Holt and Company, New York, 1994.

du Sautoy, Marcus, *The Number Mysteries: A Mathematical Odyssey Through Everyday Life*, St Martin's Press, London, 2011.（《桑老師的瘋狂數學課：「數學界的莫札特」帶你破解質數、形狀、機率、密碼、預測未來的世紀謎團》，馬庫

斯・杜・桑托伊 著，臉譜出版，2011）

Fry, Hannah, *The Mathematics of Love*, Simon & Schuster Inc, New York, 2015.（《數學的戀愛應用題》，漢娜・弗萊 著，天下雜誌出版，2016）

Parker, Matt, *Things to Make and Do in the Fourth Dimension,* Penguin Books, 2014.（《數學大觀念2：從掐指一算到穿越四次元的數學魔術》，麥特・帕克 著，貓頭鷹出版，2020）

Singh, Simon, *The Simpsons and Their Mathematical Secrets*, Bloomsbury Publishing, London, 2013.

Spencer, Adam, *Adam Spencer's Big Book of Numbers*, Xou Pty Limited, Sydney, 2014.

Strogatz, Steven, *The Joy of X*, Atlantic Books, London, 2012.（《X的奇幻旅程》，史帝芬・斯托蓋茨 著，五南出版，2017）

致謝

　　這本書的封面上雖然只有作者的名字，但單靠一個人絕對沒辦法完成這麼厚又這麼棒的一本書，這本書也不例外。在許多人大力協助之下，這個夢想才得以實現。

　　Claire Craig 在我動筆之前就認為我很有潛力。謝謝妳喚起我對寫作的熱情。我以為這股熱情好多年前就已經消失，但妳讓我了解它只是躲了起來。

　　Rebecca Hamilton 和 Brianne Collins 以無比的耐心看過我的長篇大論，修改所有的句子（還有所有的圖！）。特別感謝 Rebecca 認真實行，真的在觀眾面前表演數學撲克牌魔術！

　　Alissa Dinallo 發揮藝術才能，讓這本書更加活潑。這本書從一開始就該是很視覺性的，感謝妳投下許多時間了解這些概念，和我一起協助讀者感受到這些事實！

　　Dylan Wiliam 和 Keith Devlin 提供了寶貴的數學建議。有了你們這兩位數學大師的意見，使我撰寫的內容增色萬分。

Jenelle Seaman在我寫到生物和化學等領域時協助我精進科學知識，讓我這個教育者也有機會受教。

最後，我一定要誠摯感謝我的家人。

Michelle，感謝妳接受我所有的古怪個性，深愛著我，尤其是這幾個月來如同雲霄飛車一樣的生活。Emily、Nathan和Jamie，謝謝你們讓我的生活充滿歡樂，讓我有新的藉口重新愛上書！